展现魅力

给青春添彩

(美)奥里森·斯威特·马登 著
胡彧 译

中国出版集团 东方出版中心

图书在版编目(CIP)数据

展现魅力　给青春添彩/(美)马登著;胡彧译.
—上海:东方出版中心,2015.5
(奥里森·斯威特·马登励志丛书)
ISBN 978-7-5473-0773-1

Ⅰ.①展…　Ⅱ.①马…　②胡…　Ⅲ.①成功心理—通俗读物　Ⅳ.①B848.4-49

中国版本图书馆CIP数据核字(2015)第059726号

展现魅力　给青春添彩

出版发行:中国出版集团 东方出版中心
地　　址:上海市仙霞路345号
电　　话:62417400
邮政编码:200336
经　　销:全国新华书店
印　　刷:上海文艺大一印刷有限公司
开　　本:787×1092毫米　1/32
字　　数:112千
印　　张:6.125
版　　次:2015年5月第1版第1次印刷
ISBN 978-7-5473-0773-1
定　　价:30.00元

东方出版中心邮购部　电话:52069798

前　言

奥里森·斯威特·马登(1850—1924),美国作家,倡导新思想运动。主修医科,同时也是一名富有成效的酒店业主。

他生于美国新罕布什尔州的桑顿—戈尔(Thornton Gore),介于路易斯和玛莎—马登之间的一个小镇。他3岁时,年仅22岁的母亲便撒手人寰。于是照顾奥里森和两个姐姐的重担就落到了父亲——一个靠打猎和做门卫工作的农民肩上。他7岁时,父亲伐木致伤,不久也离他而去。他的监护人几经更易,他终日食不果腹,艰难度日。受苏格兰作家塞缪尔·斯迈尔斯早期作品的影响,他决意改善自我,改变生存环境。1871年,他毕业于波士顿大学。1881年,获得哈佛大学医学博士学位。1882年,攻克了法学学士学位。之后,又就读于波士顿祷告学校和安多华神学院。

大学期间,他靠在酒店打工自食其力。之后,他拥有几家自己的酒店和一处度假村产业。经济危机使他的职业生涯告一段落。1893年，当举办世界哥伦布博览会，大批游客从四面八方蜂拥而至的时候，他再一次在芝加哥跻身酒店业并担任酒店经理一职。这期间，他在塞缪尔·斯迈尔斯思想的感召之下，立志奋笔疾书，旨在启迪思想，阐述自己的哲学观点。

除此之外，他的思想还受到19世纪90年代新思想运动先驱者小奥利佛·温德尔·霍姆斯(Oliver Wendell Holmes，Jr.)和拉尔夫·瓦尔多·爱默生(Ralph Waldo Emerson)的影响。

1894年，他撰写的第一本书《奋勇向前》(*Pushing to the Front*)问世了。他着重论述了成功、意志力的培养和积极思考的话题。1897年，他创办了《成功》杂志(*Success Magazine*)，与此同时，该杂志作为奥里森·斯威特·马登"新思想哲学"的宣言，教授人们积极思维、生活技能和服从管理。在20世纪的头20年中，他也是新思想杂志《鹦鹉螺》的固定撰稿人。

《成功》杂志时至今日仍能发人深省，并被评为美国当今最有影响力的十大杂志之一。

他曾采访过当代最负盛名和最有权威的成功人士，而且《成功》杂志在美国社会开创出了一个不同寻常的成就，被视为现代个人发展运动的诞生。据报道，此行业仅在美国每年耗资就达110亿美元。

20世纪初，据不完全统计，四分之一的美国人都知晓这本杂志。

何等伟大的标题，何等伟大的杂志！现在《成功》杂志仍然具有强大的生命力，并以凸显现在和过去有识之士的成功事迹为特色。

马登曾是《成功》杂志的第一撰稿人，那些一度深受其启迪的人后来相继成为该杂志的编辑，包括著名的拿破仑·希尔(Napoleon Hill)、W. 克莱门·斯通(W. Clement Stone)、斯科特·德加摩(Scott DeGarmo)和理查德·坡(Richard Poe)等。

像许多新思想拥护者那样，马登相信思想可以影响人的生活和人的生活环境。他说："我们创造了我们赖以居住的世界和我们的生活环境。"然而，尽管他在经济上获得了成功，但是，他总强调个人发展："你刻意追求的绝好机遇，不取决于环境，关键在于自己，不在于运气或机会好坏，或不在于别人的帮助，完全在于自己。"马登一生撰写了大量鼓舞人心的著作，其中代表作《人人都能行》、《奋勇向前》、《生而为赢》、《快乐的人生》、《命运的建造师》、《高贵的品性》、《魅力法则》、《我最想要的择业说明书》、《成功依然有秘密》等在欧美一上市，即受到大众的认可，几乎每本都是畅销书，并被很多公立学校指定为教科书或参考书，不少公司企业也是将这些作品发给员工阅读，在商人、政府官员、军人、教育人士、文化人士和神职人员中也深受欢迎。很多著作已经被翻译成50多种文字，在世界各地广为流传，现在都已成为影响世界历史进程的经典人文作品。

1924年，马登与世长辞，享年74岁。

目 录

第1讲

严谨认真的工作态度

我讨厌做事不专心的人。如果你认为决定正确,那就放心大胆地去做;如果你认为决定不正确,那你就干脆一点也不要做。

——吉普林

如果一个人的文笔出众,口才超群,技术出类拔萃,那他就是隐居在深山老林里,慕名而来的人也会络绎不绝。

——爱默生

一个美国人对德国制造的精密仪器赞叹不已,于是,就问一个德国朋友:"你们为什么能做得这么精细?"德国人回答:"我们德国人做事从来都是严谨仔细,一丝不苟。"这就是德国全体国民的性格,不论做什么,他们关心的是最终结果,而不是进程、速度、成本。为了生产制造出合格的免检产品,就算耗费再多的精力，花费再多的时间，投入再多的资金，他们也认为很值。这种严谨仔细、一丝不苟的工作作风，深深扎根在德国人的骨髓里，而且世代相传。他们在工作中从不敷衍了事，得过且过。德国人在孩子很小的时候就教育他们做事要严谨仔细，一丝不苟，有始有终。这种一丝不苟的认真精神是德国文化的基础，也是世界各国成功人士的共同特点。正是因为一丝不苟的精神，德国人在科学、技术、音乐和军事等领域都取得了巨大的进步。对德国人来说，随随便便、马马虎虎的工作态度是令人厌恶，不受人尊敬的。他们的认真精神在一则招聘广告中就可见一斑："如果没有军事化的严明自律性，没有搞科研工作的谨慎态度，请勿前来应聘。"

在战争期间，德国人一丝不苟的性格优势便充分体现出来。德国的军队就像是一台性能优良、系统严密的机器。做事严谨认真、坚持到底的态度让他们能够带着几个弱小的盟友一次次打败盟军的强大攻势。他们甚至连后勤保障的小细节都不放过，比如，德军士兵的裤子都是双排扣的，这样，万一一个扣子掉了，战士们就可以直接用备用扣子，以便用更多的精力投入战斗。当时，许多美国工厂因为无法购买到战前一直从德国进口的一种染料而被迫停产，其实，他们不是买不到用来生产这种染料的原料，而是因为美国人没那个耐心对原料进行更精细的加工，做不到像德国人那样对产品精益求精。一切科学尖端、一切研究发明都建立在极其精确的基础上。计算上一个小小的错误就会导致最终结果的错误；化学实验中的一个小小的疏忽，就会导致整个实验前功尽弃。能够让人敬佩的人，包括天才在内，无一不是对工作严谨仔细的人。除了一丝不苟的工作态度，没有什么才能能够弥补先天不足的缺陷。

一次我到弗吉尼亚拜访园艺大师卢瑟·伯班克先生，被他严肃认真的工作态度折服了。当时，他正在研发培育黑莓和西伯利亚草莓的杂交新品种——公主莓，为了找到一株理想的幼苗，伯班克先生不惜扔掉四万株杂交实验幼苗。他说："为了这一株公主莓，我的大部分植株都成了垃圾。"他的培养箱中每年栽培近万棵植株，其中仅有几株最终能够存活下来，其余全为实验而成了垃圾。伯班克收集了世界各地超过一万五千种仙人掌，花了十年时间进行实验，培育出了无刺仙人掌，这样，动物就可以以它为食了。伯班克先生告诉我，他在培育著名的白色黑莓时，为了挑选出成熟后不太黑的黑莓，搜寻了各地两万五千个黑莓灌木丛，再通过实验把挑选出的黑莓的绿叶变白。经过耐心的努力和研究，伯班克先生研发培育出了很多水果和花卉新品种，在园艺史上创造了前所未有的成绩。同这位园艺大师一样，那些留下传世之作的大作家们扔掉的手稿也不计其数。一位作家在书籍出版之前不仅对原稿一遍又一遍地反复修改，还写出三四种版本供自己选择。他说，想写出一本好书，就要先准备足够写好几本书的材料。他建议那些梦想成为作家的年轻人："别怕写得多，删减比写作更容易。尽管扔掉的部分让人心痛，但读者没见过就不会想念，留下的精华、章节足以抵过扔掉的那部分。”人生最伟大的事情就是能让你亲手做的工作产生巨大的价值。如果谁在最不起眼的事情上有突出的表现，那么，谁的生活水准将会有大幅度提高。不断进取向更高层次迈进是人类美好生活的主旋律。当一个人尽最大努力把自己的能力发挥到最高水平，把工作都做到最好时，他的业绩就会震撼人心，他的名声就会响彻四海，他的整个人生就会得到升华。一丝不苟的工作态度是塑造高尚品格的基础，在不断拼搏奋斗的过程中，我们付出了巨大的努力，把我们的一切才能发挥到极致，展示出了最真实最高贵的自我。

希望做得更好的愿望，能够产生一种神奇的力量，能够推动人们不断前进。不论一个人外表看起来多么落魄、寒酸，只要他渴望改变生活，并付诸行动，他就有希望过上美好的生活。一个雕塑家对青年艺术家说：“奋斗吧，努力做得更好，不要满足于现状而放松了对自己的要求，这就是成功法则。”想取得巨大的成就，在事业起步阶段就不能允许自己的成绩低人一等，要保证点滴的工作都很优秀，不要让任何不好的业绩玷污了你的声誉，给你的事业抹黑。否则，就算是付出更大的代价，做出更多的努力也很难挽回损失。一切敷衍了事、得过且过的工作态度都会使你的工作半途而废，前功尽弃。也许你当时感觉不到自己正在退步，但点滴的瑕疵越积越多，它就像苹果上一个腐烂的小点，最后会让整个苹果烂掉。

查尔斯·施瓦布在纽约给孩子们演讲时说:"不论你在什么行业从事什么工作,成功的标志就是你在工作中做得比别人好,只要做得好,你就会受到关注。每个人都尽职尽责,但只要你比别人做得稍微好一点,你就会得到重用和提拔。"人们都信任工作一丝不苟的人,信任他们的工作态度,信任他们的工作成绩。这样的人因为工作业绩突出而赢得了别人的赞誉,人们会说:"看那个人,他的工作多么优秀,将来一定有出息。"工作一丝不苟的人一定能成功,因为严谨认真、一丝不苟的工作态度,能带动出其他优秀的品质共同帮助人们出色地完成任务;而马马虎虎、粗心大意的态度只能使你的工作做得一塌糊涂,两手空空,最终碌碌无为。记住,无论做什么样的工作,只要有一个严谨认真的工作态度、勤奋刻苦的工作作风、有始有终的工作性格,就永远不用怕做不好工作,更不用愁找不到工作。

每个人天生都爱欣赏、赞美自己出色的工作业绩,面对圆满完成的工作,我们会感到欣慰,会重新审视自我的价值。这时,身体的每一个细胞都在为自己庆贺,自豪和骄傲在我们心中激起一股新的动力,让我们接下来更加自信,更加努力地去投入新的工作。一个人一旦品尝到了认真工作后的欢乐与快活,就不会再去马马虎虎地工作了。商业家维布伦说过:"员工的惰性,来自员工马马虎虎的工作习惯。"而那些有远大志向、把工作当成像攀登艺术巅峰一样、认真刻苦地努力工作的员工,从来就与惰性、马马虎虎无任何关联,只要经他们的双手完成的每一项工作，都会被质量检查员刻上优质产品的标签。无论是什么工作，每个人都可以成为一个完美精湛的艺术家，每个人的生活和事业都可以成为一部杰作。史特拉第瓦里小提琴因品质精良而闻名于世，一把小提琴就价值几百万美元。为什么他的小提琴就那么值钱呢？因为史特拉第瓦里在制作每一把小提琴时都倾注了自己的全部心血，投入了自己独特的创造力，世界也因此给予了他至高无上的荣誉与回报。

细心观察那些事业成功的人士，就会发现他们有一个共同特点：那就是不论做什么事情，只要做了，一定要做到有始有终。这也许就是众多成功人士的座右铭。奋斗中能够做到严谨认真，一丝不苟的人，奋斗后都会得到理想的回报；而那些虽然有远大志向，但做起事来总是马马虎虎、粗心大意的人，尽管也拼搏奋斗了，但总是不能如愿，理想总是落空，总是以半途而废来收场。大多数人的缺点就是重量不重质、贪大求全。人们觉得成功就是要做一番大事业，但渐渐就会发现，因为一些小细节上的疏忽，他们的大业并不成功。年轻人总说："行了，够好的了。花那么多时间在这样的小事上较真儿值得吗？"这句话害了无数人，它是倒退的前兆，是失败的第一步。几个商场服务员下班的途中闲聊说：自己不能全心全意地为顾客服务，不能任劳任怨、尽心尽力地工作，是因为工资太少，工作待遇太差。他们的想法正是上千万个服务员业绩平平，做一天和尚撞一天钟的主要原因。一个人良好品格的培养和锻炼，全在你每天所从事的工作和事业中。不能单单考虑工作报酬的多少，工作待遇的好坏。因为工资少就马马虎虎地工作，因为待遇差就破罐子破摔，到头来毁掉的还是自己。

很多学习音乐的人总认为只要每天坚持刻苦练习，就算对音乐不是特别热爱，天长日久也会成为音乐家的。很多从事其他行业的人也这么想：只要功夫深，铁杵定会磨成针。但是，人们往往忽略了一点，那就是兴趣与爱好。对所从事的工作，所钻研的业务，必须建立在兴趣与爱好的基础之上，因为你刻苦磨炼的动力来自兴趣与爱好，你刻苦磨炼的毅力来自兴趣与爱好，你刻苦磨炼的可喜效果来自兴趣与爱好。若是没有兴趣与爱好为基础，那么，你的练习将是心不在焉的练习，马马虎虎的练习，得过且过的练习。不但如此，还养成了做事不认真、粗心大意的坏习惯，最终半途而废，一事无成。一个很勤奋用功的乖孩子，若不考虑他的兴趣与爱好，只是一味地让他刻苦读书学习，一旦养成了敷衍了事的习惯，就将被马马虎虎、粗心大意的磁石磁化，一切优秀品质将全部消失，他思想的指南针将在启航时就被毁掉。

一个制造商说过："如果你工作认真，就算生产出的是小小的别针，也比质量低劣的蒸汽机值钱。"回报和投入成正比，所有马马虎虎、粗心大意的工作态度都是你人生的污点，一切粗制滥造的作品在未来的生活中会随时跳出来打击你、羞辱你。把工作做好，做得很出色，没有什么秘诀，只要你有一个远大的目标，有一个良好的道德品质，有一个勤奋刻苦、严谨认真、一丝不苟的工作态度，你的工作一定会给你带来可喜的回报，最终实现你那远大的目标。

美国诗人埃德温·马卡姆说："工作和人亲密无间，它将伴随人至地老天荒。要清楚地认识到自己的工作态度在人生中的分量，因为工作承载着每个人的命运。人们通过工作改造世界，而工作也会反过来改变人自己。当石匠用心打磨一块大理石时，大理石也在打磨石匠的心。将心灵投入了工作的人，工作也投入了他的心灵中。"

第2讲 积极主动的姿态

人生奋斗中，态度积极、热情主动的人，总能找到自己理想的位置。

不要害怕与众不同，敢于大胆走出属于自己道路的人才不会走上失败之路。

当今社会，想取得特殊的成就，就必须有积极主动的精神，就必须自强不息。

勇于拥有自己的思想，善于运用适合自己拼搏奋斗方法的人才是最有希望实现成功目标的人。

过去，十万大军跟着统帅走，是为了能打赢一场战争。现在，亿万民众听从领袖的指挥，是为了能过上幸福美好的生活。现代社会就需要像英明领袖那样，勇于走在人群的前列，开创出一片与众不同、辉煌业绩的人。

美国作家阿尔伯特·哈伯德曾说过:“积极主动的精神指的就是在没人指挥的情况下,仍然知道自己应该怎样做,应该做些什么。”优秀的员工就是那些在没有经理监督命令的情况下,仍能积极主动、自觉自律工作的员工。时时处处等待别人发号施令、等待别人指点江山的习惯是你取得大功绩的死敌。这个世界总是把最好的奖项赏赐给那些积极主动进取的人。朋友们,让我们赶紧行动起来吧,使出我们全部的力量,发挥出我们全部的聪明才智,用积极主动进取的精神,早日把成功的硕果收入自己的囊中。

许多人缺乏自信心,凭他的能力,本来可以出色地完成一项工作,但他却总是犹犹豫豫,前怕狼后怕虎,不敢越雷池一步,总习惯于接受别人的操纵和指使,离开了指挥,自己就迷失了前进的方向,不知该往哪儿走了。这些人就像是鸟群中众多的盲从者,只会跟在头鸟后面,成群结队地飞行,很少单独行动,一旦离开了鸟群,就迷失了飞行的方向,它们的翅膀即使再矫健,飞行的速度再快,因为不习惯于单独飞行,最终被困死在鸟巢里。如果一个人也像一只盲从的鸟儿,那他注定是要失败的。人类社会中,有很多人不愿意盲目从众,他们有足够的智慧制订自己的奋斗计划,并付诸具体的行动。美国著名军医莱昂纳多·伍德年轻时在波士顿一家医院当实习大夫。一次,一个生命垂危的孩子被送进医院,情况十分危急,必须马上手术。此时,医院里能做手术的大夫都已下班,等他们次日来做手术已经来不及，伍德想亲自做手术。可医院有规定，实习大夫不经医院办公室批准是不能擅自做手术的。伍德想了很多，一边是必须手术的孩子，一边是能做手术的大夫都已下班了；一边是自己违反规定亲自做手术，有可能挽救孩子的生命；一边是自己违反规定亲自做手术，有可能被医院开除。思来想去，伍德决定，还是以孩子的生命为重，于是，他没理会那套死板的规章制度，马上给生命垂危的孩子实施了手术。结果，孩子的生命保住了，可是，伍德却仍然遭到了院方的严厉批评，并被医院开除。现在看来，伍德的决定是正确的，理智的，用自己大胆的举动去打破医院的陈规陋习，用自己失去的工作换回了一条鲜活的生命是值得的。正是由于伍德不落窠臼，一切从实际出发，大胆走别人不敢走的路，他在后来的人生旅途中，从一个西部军区的外科医生做起，一步步被罗斯福总统破格提拔为能指挥百万大军的将领。一个不称职的员工总能为自己一塌糊涂的工作业绩找到借口。效率不高是因为工具不好；没完成任务是因为人手不够……可是，一旦工具好了，人手够了，他们就会又有新的理由。真正懂技术、有能力的人，就是那些能够在危机中找到出路的人，能够在别人都目瞪口呆、手足无措时想出办法解决的人，未来的社会中永远有他们的立足之地，人们一定会佩服他，赞赏他，相信他，跟随他。许多人都认为，那些卓越的领袖，天生就具有一种能在关键时刻果断作出正确判断的能力，但实际上，每个伟大的决策者、每个优秀的领导者、每个在某一领域有过卓越贡献的人，他们都曾失误过、犯错过，只是他们比普通人更善于改正错误，勇于选择正确的方法继续行动。一个颇有成就的商人朋友告诉我，如果他尝试了七八次都失败，但只要有一次成功，他就认为自己进步了。许多人一生都不愿尝试新的方法、新的思路，他们永远停留在原来的起跑线上，永远把自己桎梏在早已锈迹斑斑的铁笼子里，久而久之，他们与生俱来的积极主动性、创造性就丧失了，麻木得不敢再做任何看似出格的事，最终将自生自灭在铁笼子中。

人一旦缺少了积极主动的精神，就成了一台没有发动机的汽车，不管外表多么耀眼华丽，只能趴窝在原地，若是在隆重的汽车展销会上，你愿意购买这样的汽车吗？许多人一辈子就像鸟群中只会随大溜的一只鸟，一生中只会随声附和，只会随波逐流，他们的特殊才能、奇思妙想从未得到过运用与发掘，所以，终身过得孤陋寡闻，无所事事，碌碌无为。年轻人若想活出一个真正的自我，就必须学会设计自己，鞭策自己，开发自己，创造自己，把体内巨大的潜能充分发掘出来。在不平凡的、坎坷的人生道路上，若没有积极主动的进取精神，一切宏伟的理想都是纸上谈兵。大批青年在成功之门前踮起脚尖，一双渴求的眼睛向门里张望着，可他们大部分人只会躲在光辉的榜样身后，畏首畏尾地等待着门内机遇的召唤，只有少数人有勇气迈进门槛，开创自己的一条新路。

现代教育体系很少培养学生的建构性思维，学生们不了解创造力的重要作用，更不知道如何去独立执行一个具体的项目。结果，很多办公室里干杂活儿的小伙子都比大学毕业生工作出色，因为他们一直都在实践中学习如何工作、如何承担一项任务，在这个过程中他们的主动性得到了锻炼，而大学生们只会机械被动、循环往复地吸收知识，很少在实际中体验过该如何把理论应用于工作。那些靠打工赚学费的大学生们，就算学习成绩不突出，参加工作后的表现也强过那些只会学习的优等生。如果一个学生利用暑假卖货，那他就用这个假期学到了在大学里四年都学不到的经营的实践知识，知道了应该如何靠自己的能力去赚钱。当这个学生走出校门去卖货，他面对着一个全新的世界，这时，他没有老师去请教，一切全得靠自己。他必须想尽办法成功，否则就连学费都拿不出来。渐渐地，他的办事能力得到锻炼，自信心得到增强，同时也具备了积极主动的进取精神，这样的实践经验弥足珍贵。

消极等待的习惯源于消极软弱的思想意志，如果老师和家长从孩子小时候就培养他们的建构性思维，教他们用积极主动的态度投入到一切活动中，那孩子们长大后自然也会把这种精神投入到工作之中。如果我是一名大学校长，我要做的第一项改革就是选一名教授专门教授学生创业之道，教他们如何发挥出自己的全部才能努力取得胜利。像美国著名铁路公司的总裁詹姆斯·希尔、美国著名零售商马歇尔·菲尔德或约翰·沃纳梅克这样的成功人士最适合这个工作，他们可以言传身教，告诉学生如何积极进取，如何把握住自己的事业。

想拥有积极主动的工作态度，就必须行动起来，不能摇摆不定，顾虑重重。积极主动就意味着强有力的行动和果断的决策，一旦养成做事果断的风格，今后就再也不会拖拖拉拉、犹豫不决。

我有一个在纽约打拼的朋友，他头脑灵活、知识渊博，大家都觉得他的工作肯定特别出色，而且每次碰面他都说自己正打算开家大公司。可几年过去了，也未见他兑现自己的誓言，因为他有一个致命的弱点——不敢开始。他相信自己能创出好成绩，但就是不敢迈出第一步，就算大家都鼓励他，说他在开局阶段肯定能取得高效益，他还是裹足不前。这个人缺少的就是主动进取的精神，他总怕遭遇困难挫折，怕别人的冷嘲热讽，如果此时有人能在背后推他一把，或逼迫他前进，那他就一定能成功。很多人都像他一样，缺少主动精神，也许他们今天打算做一件事，并要马上开始，但很快就因为害怕承担责任而动摇犹豫，之后，便迷失了方向，直到哪天突然又心血来潮，计划重新出发。他们的日子就这样一天天流逝了，直到有一天他们老得已经不能再尝试任何新事物。这些人就像一艘永远处在即将出发状态的巨轮，尽管准备多年，生命之舟仍停留在枯港中，从未见过大海。

著名作家爱默生说："自然的法则：行动就有力量，静止则毫无动力。"胆怯是积极主动的死敌，克服它，就能取得意想不到的成功。自我肯定和无畏的气概是领袖人物的特质，但每一个人通过锻炼都可以具备这些品质。每一个在历史上留下脚印的人都是从自身找到动力的，人的内心沉睡着巨大的爆发力，足以把每个人送到自己的目的地。别指望其他人能推你一把，你的力量就在自己身体中，你的价值要靠你自己去实现。

伍尔沃斯在美国各地成功开办了上百家连锁5元店和10元店，可他得到的唯一帮助只是他创业之初从朋友那儿借来的300美元。伍尔沃斯年轻时在别人的店里当售货员时，就问老板：能否让自己把货架上5元和10元的商品收集到一起搭配出售，比如任选一件10元的商品和5元的商品，就可只付14元，薄利多销，用这种销售方式吸引更多的顾客？后来他就用这种自己独创的销售方式开始了创业之路。

如果感到自己受到胆怯和忧郁的困扰，就一定要消灭这些缺点，你可以每天早起后发誓绝不允许自己在这一天之内动摇，不允许自己坐等别人的援助，下决心做一个开拓者、一个领袖，绝不磨磨蹭蹭跟在别人后面听人指挥，要保持一个积极主动的姿态。一个天生具有领袖头脑的人一生都在听人指挥是件多么悲哀的事！他完全能够自己做主，却要凡事征求别人的意见，才能、自信一直在他体内冬眠。本是一个巨人，却要做个侏儒。

要想事业有成，要想力量无穷，那就把自己想象成被遗弃在孤岛上的鲁滨逊，岛上物产丰富，但是没有工具，没有机器，也没有人能帮你，要想生存下去，就必须依靠自己的双手和头脑。每个人在事业起步阶段都是生活在小岛上的鲁滨逊，只有依靠自己的力量才能建造出属于自己的美好世界。能勇敢开拓、不等不靠、不听天由命的人才能突破万难，开创出一片新天地。这个世界需要无畏的人，需要就算不敢说“我行”也至少会说出“我要试一试”的人。

当今社会的成功者，可以不必是一个才华横溢的大才子，但他必须是一个持之以恒、信念坚定、从不畏缩的人。他的力量不会被削弱，他的信心不会动摇，因为他有着积极主动的精神。

第3讲

不断奋斗拼搏的精神

不向上看的人只能向下看，不能迈起脚步前行的人只能停留在原地，不愿开创辉煌事业的人只能一生默默无闻。

一个美国高官在谈到他成功的秘诀时说："我还没有成功，其实，任何人都尚未成功。因为，在我们面前永远还有更伟大的目标要去实现。"只有目光短浅的人才认为自己已经取得了成功，真正的伟人可不会有一劳永逸的念头，他们不断地取得成功，又不断地把眼光放远、不断把志向扩大、不断把自己成功的标尺向上推移。

切勿把目标定得太低，否则我们与生俱来的斗志就会被扼杀。一个人要想长得高就必须不断伸手向上跳跃，同样，一个人想要取得进步，就得不断奋力向上拼搏。如果限制住了自己的目标，年老体弱回首往昔时，就会对所走过的一生感到遗憾，因为你完全还有可能创造更辉煌的业绩，结果却一直是一名默默无闻的小职员。如果现在各位觉得自己收入稳定生活富足，已经没有必要再继续奋斗了，那你们就危险了，因为你们正在放大自己的成就。除了自身原因，人们也容易受到周围人的影响而丧失斗志。朋友和同事们也许会出于礼貌而褒奖你的工作成绩，可是久而久之，你自己就会真的觉得干得的确不错。或者当你准备进军一个新领域时，家人和朋友会出于好意劝告你："新工作成功的把握可不大，既然现在你已经有了一个稳定的工作和不错的收入，干吗还冒那个险？如果轻易就放弃现在的工作，今后万一失败了，你可要后悔终身啊！"

人生最大的奋斗动力莫过于对非凡成就的强烈渴望，这个渴望推动着无数的伟人不断前进。正是因为有了奋斗的动力，一介贫民林肯才能入主白宫；正是出于对北极的强烈向往，皮尔里才能在经历无数次失败后终于来到世界之端。

奋斗的精神是人性中一种十分神秘的力量，它同自保能力一样，也是与生俱来的。正是因为每个人都有奋斗的精神，渴望不断改善周围的物质环境和提升自身的文化修养，人类才能创建出今日高度发达的社会体系，才会拥有高楼林立的城市、技术先进的工厂、四通八达的铁路航运、浩如烟海的书籍和美轮美奂的艺术。奋斗的力量是上天赐予我们的礼物，它既不是人们凭空捏造的也不是后天锻炼习得的，这种力量流淌在我们每个人的血液里，根植于我们每个人的骨髓中。正是因为有了奋进的力量，我们才能够忍受各种痛苦和磨难，才能为心中的理想做出巨大的牺牲。这个动力存在于身体的每一根神经中，推动着身体的所有细胞向前奋斗。

朋友，你可曾想过人为什么要为荣誉、财富或权利而奋斗？究竟是什么支撑着人们每天不辞辛劳努力工作？为什么人们一生都要不断拼搏进取？奋斗的力量究竟从何而来？雄心壮志究竟指的是什么？所有这些问题，其实都有同一个含义——为什么人要为了崇高的目标而不停地拼搏奋斗？如果上天仅仅想让我们像低等动物一样生存，为什么不干脆让树上结满现成的果实？为什么不让人们住在气候温暖、不需要建造房屋躲风避雨的星球上？为什么不让土地自己长出庄稼，省得人类去辛勤耕耘？所以，人活一世肯定有更高、更深远的意义，那就是要调动出所有的能力，通过自身的努力创造出属于自己的一片新天地！

运动才能长高，努力才能进步。一旦满足于口腹之欲，享乐安逸停止奋斗，那身体、精神、道德就开始堕落。人们孜孜不倦诚实奋斗所取得的可不仅仅是物质上的成就，更有伟大的人格和高尚的情操。

没人能确切地说出我们努力奋斗究竟会取得什么样的成绩，也没人知道奋斗的力量下一步会把我们带向何处，但可以肯定的是：它会带我们走向一个更加光明自由、更加充满希望和无限价值的未来！动机不纯就会走弯路，就会偏离原定的目标。忠于自己的目标，摒除一切自私自利的念头，保持一个健康平和的心态，我们就将获得最大的满足。

没人明白电究竟是什么东西，它属于哪一类物质，但人类依靠自己的智慧，遵守了自然法则，充分利用了电能，从中获得了巨大的利益，使人类有了今天这排山倒海、上天揽月之力。尽管不明白人究竟是为了什么而奋斗拼搏，但是要清楚，坚持不懈地努力奋斗不仅能过上好日子，也能让自己的人格更加高尚。奋斗的力量和电能一样，都能产生巨大的推动力。和那些工作毫无热情的人相比，雄心勃勃的人在工作中能发挥出更大的作用，这两种人之间的差距就好比奔腾的大江和浅浅的小溪。当然，要想实现自己的理想还得看人们是否能够持之以恒。光做白日梦不行，要让梦想变成行动。只有意志坚定、不断奋斗的人才能实现自己的理想。

人类社会的发展永无止境，人类的雄心和夙愿永远不可能得到满足。一旦达到了那曾经看似遥不可及的高度，我们就会又有了新的期待、新的梦想，此时耳边就会响起催人奋进的号角声，阵阵嘹亮的号角声激励我们继续前进，不允许我们有丝毫的懈怠。不论取得了多大的成就，总有一个声音在前方不断地对我们说："前进！要走得更远！"如果一个年轻人年复一年地工作懒惰、逃避责任，那他就越来越没有上进的欲望，那种催他奋进的声音最后会小得连他自己都听不到了。一些雄心勃勃的大学生，念书时憧憬着美好未来，以为自己毕业后能干一番大事业，可工作后他们的热情渐渐消退，野心不复存在，开始怀疑大学时代的梦想是否现实。慢慢地他们开始听天由命，任凭平庸和失败的摆布。不管年轻时代的目标有多么崇高，这个目标都十分脆弱，经不起现实社会中风雨的摧打。孩子没有母亲的管教便会无法无天，人没有了奋进声音的鞭策，就会随波逐流、日渐堕落。人类的奋斗精神与落后的惰性不断进行着斗争，即使最优秀的人也难免常常受到惰性的诱惑。但只要抵挡住这些诱惑，人们就会不断取得进步。

威廉姆·詹姆斯教授说："如果人生不是一场为收获而战的斗争，那它就连一出戏剧都不如。在人生的战场上，人们怀揣着崇高的理想和坚定的信念改造着世界，宇宙的一切都为之疯狂。"没有任何一场战斗有如人类伟大理想和本能欲望之间的战斗那样永无休止。我们必须时刻保持警醒，不能让惰性乘虚而入，不能让事业的宏图土崩瓦解。

前进的动力来自奋斗的过程，而非来自达到目标后的满足感。所以，富家子弟很少取得辉煌的成绩，因为他们缺少实现目标的动力。只有怀揣着理想和信念的开拓者们才能清除一切障碍勇往直前。

没有远大目标的激励，没有坚定信念的支撑，就不会在世界上留下任何印记。成功源于奋斗，源于宏伟的志向和坚定的决心。斗志一旦松懈,鞭策我们前进的动力就会消失;动力一旦消失,我们只能随着时代的洪流淹没在茫茫的历史长河之中。

第4讲

激情——奇迹的缔造者

用心做事就能获得成功。

在一个情绪激昂、精神振奋的人面前，困难、讥讽、劳累和疾病算得了什么？

每一个被历史记载的伟大事件都是一次激情的胜利。

法国巴黎巴斯德学会会长、著名科学家巴斯德十分热爱自己的科研工作，每天都工作至深夜。一天夜里，他离开实验室时叹着气说："唉！还得等七个小时我才能回来继续工作。"正是这种对工作强烈的热爱和孜孜不倦的执着精神，让原本繁重的科研工作在巴斯德眼中成了一种享受和乐趣，所以他才能在科学领域取得举世瞩目的成就。

几个月之前，我读到这样一个故事：一个农夫懒洋洋地坐在树荫下，锄头扔在一旁，菜地里杂草丛生。邻居问他是不是干农活累了想休息休息，他却说："没有，我不累。就是觉得干活儿太没意思，坐在这儿等着太阳落山好收工回家。"如果每个人都像这个农夫那样整天懒洋洋地待在办公室，百无聊赖、毫无热情地度过每一天，那谁也别想成功。

不同的工作态度决定了不同的人生道路。朋友，你是否想把自己的一生打造成一部杰作？你是否带着满腔的激情投入到每天的工作中？你是否觉得每一天的工作漫长无聊？你是否把现在的工作视为获得成功的一次机遇，而非仅仅把它当成赚钱的工具？如果一个人能够以自己的工作为豪，每天都以饱满的热情开始一天的工作，那他就是把工作当成了一种有意义的事业、一个人生的追求目标，而不是糊口的营生。这样的人在工作中的状态就像是一位激情四射的画家，把毕生的灵感都铺洒在画布上，不顾一切地追求艺术、追求美。如果诸位也能把自己看成一个渴望创造美的艺术家，把工作看成一张可以在上面尽情挥洒的画布，那你们的工作也一定会像一件完美的艺术品一样令人叹服。

有人分析，"二战"之初，盟军在欧洲战场节节败退的原因，就是枪支弹药的动力不足导致射程太近，而德军的武器却在这方面占尽优势，他们的子弹可射中 20 英里外的目标。职场上，就因为动力不足，就因为没把足够的激情带入工作，上千人在生活的战场上打了败仗。

美国前总统西奥多·罗斯福的一大特点就是工作时激情

四射，他不论做什么工作，不管是做牧童、教师、警察、职员、士兵、哈佛校长抑或非洲丛林狩猎者，都带着极大的热情，真诚地投入到工作中。没有坚定的信念、无畏的勇气和能融化一切障碍的激情，是不可能成功的。激情能产生一股巨大的力量，向世界宣告，你将冲破万难，取得成功。美国议员詹姆斯·弗纳尔德说："要想克服前进中的困难，必须拥有巨大的激情、坚定的信念和无畏的勇气。"学识、天赋都不能取代一颗炽热的心灵。因为拥有激情，拿破仑指挥上百万人的军队，用两个星期就完成了别人至少要一年才能完成的行军计划；因为拥有激情，少年林肯不顾路途遥远，徒步走到离家几英里外的图书馆借书学习；因为拥有激情，又聋又哑的海伦·凯勒学会了听说读写，创造了人类历史上的奇迹。可是大多数人一生都未体会过坚定的信念和似火的激情所产生的巨大力量。

我曾见过一个热情洋溢的推销员，无论他遭到怎样的冷遇，从开口介绍自己产品的那一刻起，他就会全情投入，不再受外界的丝毫影响，此刻连小伙子的脸颊都会因为内心的热情而光彩照人。他从不催促顾客赶快购买自己的商品，只是非常愉快地跟人交谈，用自己生动的语言勾画出一幅诱人的商品画，让人觉得能买到他的商品简直就是一种特权，不买的话就是个损失。这个推销员用自己如火的热情不断感染着每一位顾客，有的顾客甚至还把他介绍给自己的亲朋好友。只要有激情，不论是发明家、探险家、商人、律师、推销员还是教师，都会发现成功的大门正神奇地为自己打开。激情是成功的后盾，而且只有当一个人全身心地投入到工作中，把工作当成毕生追求的事业时，才能拥有如火的激情。

许多人都奇怪，为什么有人与他们一同起步，转眼间那人却已经大步流星地向前而把他们远远甩在后面？原因其实很简单，因为事业有成的人在工作中更有激情。许多人年过半百，事业却仍停留在大学刚毕业的阶段上，他们的激情早已消失殆尽，工作对他们来说成了永无休止的负担，没有丝毫进展，有的甚至在退步，但他们自己却不明白其中的原因。

诸位尚未成功的朋友们，也许你把失败归咎于上天的不公，归咎于老板的歧视。但要知道，所有老板都不喜欢那些工作态度马马虎虎的人，他们需要的是激情四射、热爱工作的员工。如果你不具备这一品质，凭什么希望别人重用你呢？现代社会是个竞争的社会，每天原地踏步、毫无激情的人注定没有晋升的希望。对于心不在焉的员工来说，即使是充满乐趣的工作也是乏味无聊的，一旦遭遇经济危机，这种人将第一个被裁掉。前几天，我碰巧听到一个商人说，如果他发现手下哪个员工对工作感到厌烦了，那这个员工的职业生涯就到头了。大概这位商人的雇员做梦都不会想到有一天自己会因为工作没有热情而失业。老板把员工的激情看成一笔非常重要的资产，一旦失去激情将后患无穷。

激情四射的人才能取得成功，因为他们积极、勇敢、自信，还富有创造力。如果工作不带一丝一毫的激情，不以自己的工作为豪，不把工作当成毕生追求的事业，那就休想登上成功的顶峰。有一个普普通通的修鞋匠，他就是一个以工作为豪的人，他对工作的热爱绝不亚于画家对艺术的热情。就因为他手艺精湛、工作认真，尽管是个小小的鞋匠，他却受到了周围人的尊敬，在其他鞋匠为揽不到活而发愁时，这个鞋匠面前需要修理的鞋却早已堆积如山。他是个真正的"艺术家"，而其他鞋匠终其一生也只是个匠人。约翰·伯勒斯在一次访问中说："能够享受忙碌的工作，并且不浪费时间的人是最幸福的。"在工作中保持快乐和激情，是这位曾服兵役的美国自然主义作家保持快乐和活力的秘诀。工作之余，他还做家务、擦窗户、劈柴、扫院子。无论做什么事，他都精力充沛、热情洋溢，让许多年轻人都自愧不如。

激情可以传递，一个热情洋溢的人能感染周围的人，唤起他人的斗志，令那些碌碌无为的人蒙羞。传教士的感染力就来自他蓬勃的激情，他的激情像一股强大的电流，传遍听众全身，把听众的情感从沉睡中唤醒，跟随自己的思绪前行。拿破仑把自己的激情传递给部队中的每一位战士，在拿破仑的鼓舞下，战士们个个骁勇善战，在战场上奋勇杀敌，无论遭遇何种不利的环境都能保持昂扬的斗志，屡建战功。在拿破仑的带领下，将士们大步向前，毫不畏惧，视死如归。还有圣女贞德，她坚信自己生来就肩负着带领混乱的法国走出危难取得胜利的使命。

凭着火热的激情和坚定的信念，这个从未接触过兵器，更不懂任何战略战术的平凡的农村姑娘满腔热血地投入战斗，取得了令战功赫赫的将军们都望尘莫及的辉煌战绩，创造了历史上的一个奇迹。

激情是奇迹的创造者，它帮助哥伦布横渡大洋，帮助恺撒大帝渡过卢比孔河，帮助拿破仑翻越阿尔卑斯山。从古代圣人苏格拉底、亚里士多德、德摩斯梯尼，到历史名人华盛顿、林肯，再到今天的伟人爱迪生、奥维尔·赖特、约翰·沃纳梅克、卡雷尔博士，哪一个不是热情洋溢、激情四射？

如果每个人都怀着激情去工作，世界的面貌将大不一样。如果每个员工都能充满激情和活力，满怀期待地开始一天的工作，那用不了多久，他们的名字都将会出现在自己公司的门牌上，到那时，繁荣的商业盛世就会到来。

美国报界精英贺拉斯说，最优秀的员工是既有头脑又热爱工作的人，他们眼前有生活、有希望，还有无限的前途，他们脚下踏着的永远是通衢大道。凭借火热的激情，他们能突破万难，一切羁绊和障碍只能让他们更加奋进，就算每天只能前进一小步，他们也毫不气馁。

这是一个属于年轻人的时代，只要有激情，今天的青年所面临的大好机遇绝对是史无前例的。对他们来说，激情就是皇冠，一切懒惰和被动都将在这皇冠面前臣服。世界期待着他们发掘更多的真理，创造出更多的价值。大自然忠诚地守护着自己奥秘的大门，等待着有志气、有才华的热血青年前来打开大门，还有更多的发明、创造正期待着他们去探索开发。未来的美好世界正期盼着充满激情的有志青年去实现。

“不论你的工作是什么，”爱默生说，“都要让它成为你生命的一部分。不论你是个铁匠、哲人还是总统，请让工作深入骨髓，这样你就打开了流淌着琼浆玉液的天堂之门。”

第5讲

选择一条座右铭

一个振奋人心的座右铭是许多伟大事业的转折点。

一个年轻的推销员在完成一次推销旅行后写信给我，说："我边旅行边推销五金产品，曾被很多人拒之门外。一次，我走进波士顿一家大型批发市场推销商品，在经理办公室的墙上看见了这样一句话：'机会的大门十分宽敞，没试过就别说自己进不去！'这句话深深触动了我，于是我鼓足勇气，使出了高考冲刺的劲头终于说服了那位经理，获得了一大笔订单。"一个菲律宾高官说："我27岁时已经在纽约的纺织厂工作了18年，我没念过书，能够取得今天的成就，完全靠自己的努力以及靠书本和座右铭的激励。现在我仍然记得激励我的第一个座右铭：'伟人的成功不是一蹴而就的。当人们安然入睡进入梦乡时，成功者仍在挑灯夜战。'另一句让我受益匪浅的箴言是：'天才等于1%的天赋加上99%的努力。'"

一句振奋人心的座右铭能给人无穷的力量，许多成功人士都曾用座右铭激励自己不断前进。座右铭是崇高理想浓缩成的一句话，铭刻在人们心中，产生无穷的力量，决定着一个人的命运。它能在人们受到诱惑停下脚步时督促人们继续专注于自己的目标，展翅翱翔。认真选择一个座右铭，把它牢记心中，让这句话时刻提醒自己、修正自己，那样就会离心中理想的光辉形象越来越近。有句话说得好："一个人梦想成为什么样的人，他最终就会成为什么样的人。"口号体现出一个人的目标，激励他不断前进。它比万贯家产更有价值，因为它能焕发出体内的潜能，这种能力对任何人来说都是最有营养的食粮。

这里就有几条曾指引许多人取得成功的座右铭，如："把每个时刻都当成一个重要的时刻，也许有人正在考察你是否能胜任重要工作"；德莱登的名言："自信者能征服一切"；爱默生的："不努力就毫无所得"；弗朗西斯·威尔沃德的："成功并非偶然，它是人们经过周密计划和准备，全力以赴努力取得的"。

许多成功人士都用座右铭来规范自己的日常行为，以防自己禁不住诱惑而浪费了宝贵的一生。拉斯金在书桌上立了块牌子，上面只写了一个词："今天"。乔书亚·雷诺和大卫·威尔基面前摆放的座右铭一直是："工作、工作、再工作。"伏尔泰则从"永远工作"这四个字中获得力量，司各特的座右铭则是："永远不要无所事事。"很多成功人士都说自己的成功要感谢一本书、一句偶然间看到的话或是一次演说。一个英国皮匠技艺精湛，声名远扬，他说要不是因为看了卡莱尔的书，自己现在仍是默默无闻。

每年，成千上万的人因为一句座右铭而坚守住了自己的信念，摆脱了失败的阴影。不久前我收到了一个青年人的来信，他说自己把大学时在我书里看到的一句话当作了自己的座右铭："才华横溢，却目光短浅满足于平凡的成绩，真是人生的一大悲哀。"这个青年现在已经成为一个成功的作家和演说家，他说："这句话让我从一个全新的视角认识了人生。如今，我也努力把这句箴言传递给其他人，让这句使我奋进的话发挥更大的影响力。"

座右铭不仅能唤醒沉睡的潜能，还能让人随时保持清醒。如果一个人性格懦弱、进取心不强，他就应该选择这样的座右铭："要随时随地保持斗志。"如果能时刻记住这句话，那每次他想偷懒或浪费时间时，这句话就会从他脑中蹦出来，提醒他不能随心所欲，要"今日事今日毕"。

著名数学家、天文学家阿拉哥在自传中，说他年轻时在一次实验中遇到了难题一筹莫展时，一句旧教材上的话令他茅塞顿开，这句话是数学家达朗贝尔鼓励同阿拉哥一样遭遇挫折的年轻人的："前进！别停下脚步！现在遇到的困难自会迎刃而解。前进吧！阳光自然会照亮前途，灵感自然会降临于身。"阿拉哥说："这个座右铭是我数学领域的良师。"

我收到过很多读者来信，说在人生低谷时，受到座右铭的鼓励和鞭策而渡过难关。一个著名牧师来信说："我这一生经历过三次低谷，每次都是一句座右铭让我重拾信心。第一次我还是个学生，因为承担了太多超出我能力的责任而感到力不从心、紧张不安，那时我鼓励自己的座右铭是：'要驾驭任务，不要让任务驾驭你。'第二次低谷时期，我每天工作18个小时，整日困倦无力，我就用'神给他最心爱的子民以重任'这句话激励自己。第三次遭遇低谷时，我刚30岁，那时我养成了爱开玩笑的毛病，结果我每次说话或给出版商写信，都引得人们哈哈大笑，我还一度以此为豪，直到有一天我看到了这样一句话：'搞怪的语言也许可以令人大笑，但它永远也不能得到别人的尊重。'我不知道这句话是谁说的，但它深深触动了我，让我认识到了自己的缺陷。"

美国知名商人约翰·沃纳梅克在家乡费城师范学院给一千名女学生作演讲，以激发学生们的进取心。在演讲中他把自己在路上偶然学到的一句格言送给这些将为人师的孩子们："为下一步做好准备。"30年后，其中一个学生在给我的信中提到了这件事，说自己一直牢记着这句话，它帮助自己规划了一个充实的人生。

还有一封信是这样的："小时候，我常在放学后给一位医生打扫房间，每周两次，能挣25美分。在医生的书架上挂着一条横幅，上面的话一直深深铭记在我脑海里，推动我进步，这句话就是：‘生活是一面镜子，既属于国王也属于奴隶。它既能折射出我们的外貌，也能照出我们的一言一行。向世界展现出自己最好的一面吧，因为最终它还是落入你自己的眼中。’”

一个南方优秀的外科大夫在信中写道：我相信座右铭是推动人们前进的一种重要力量，下面这些话在近20年里一直激励着我：

1. 在任何情况下都不要慌乱、不要担心。

2. 要做就做最好，要么就别做。

3. 真理之船将载着你平安穿过波涛汹涌的生活之洋。

4. 把爱源源不断地洒向世界——无论敌人还是朋友——你享受到的将是几倍的回报。

5. 怒火，哪怕只有一点点，也是一剂毒药，自控则是解毒的万灵药。

6. 为世界而活，全世界就会为你而活。这是一种明智的投资，投入一分，回报百万。

7. 自私是魔鬼，无私最珍贵。

著名画家拉斐尔在谈到他是如何创作出一幅幅令人赞叹的画作时这样说道：“我尽情地释放自己的想象力，然后就用画笔把它们都画出来。”同样，人生的每一幅画作背后都闪烁着梦想的光芒、创作的灵感。而座右铭则是人生路上一条坚守的原则，决定了我们是能实现人生夙愿的成功者还是一朵在人生之海上转瞬即逝的浪花。

英国历史最悠久的私立学校温切斯特的创办人送给学校这样一句话:“态度决定人生。”许多美国大学的校训同样振奋人心。比如,耶鲁大学的校训是“真理和光明”,韦尔斯利学院的是“宁照顾他人,勿当被照顾者”。康奈尔大学门口有一块美国著名教育家、作家安德鲁·怀特立题词的纪念碑,上面写着:“走进这个校门,你将变得更有学问、更有思想。走出这个校门,你将成为对国家、对世界更有用的人才。”

座右铭在教室中的作用最大,许多老师每天都在黑板一角写一句座右铭让学生们背诵。以下这些座右铭十分适合学生们:

有了渊博的知识和坚定的信念,谁还能阻挡你前进的脚步?

充分利用时间是至高无上的美德。

善待别人就是善待自己。

人生中的第一步决定了整个一生。

弱者相信运气,强者相信因果。

做一百件半途而废的事还不如做一件有始有终的事。

别感叹过去,别幻想未来,要抓住眼前的每一分每一秒。

目标要崇高,毅力须坚强。

有德为君子,无德为小人。

坚守自己的理想,辉煌就会到来。

生活不是紧握幸运之手，而是用不幸之手弹奏出优美的旋律。

越来越多的人认识到了座右铭的重要作用，人们用它来装饰办公室、车间的墙壁，敦促员工们工作勤奋、生活节俭、礼貌待人。在纽约一家报社编辑室的墙上有这样一句话："简洁、准确、再简洁。"许多商人的办公桌上都放着这样的牌子："现在就行动！"一个人甚至把自己的座右铭印在他使用的所有印刷品上，名片、海报、笔记本……"大胆地行动吧！"是著名编辑詹妮特·吉尔德的座右铭。大作家哈姆林·加兰则把自己的座右铭总结为一个词"专心"。前美国政府发言人卡农的人生信条则是一句可以让所有人受益的话："我要面朝东方，看向朝阳，不去理会那些关于人类命运的悲观论调。"另一个适合所有人的座右铭是作家爱德华·埃弗里特·黑尔的话："向上看，别向下看；向外看，别向里看；向前看，别向后看。此外还要乐于助人。"

一个成功的费城商人吉拉德先生说他刚刚踏上美国这片土地时"既没有钱也没有朋友。我问一个码头上的老人该怎么办？老人说：'找个工作吧，年轻人。你有座右铭吗？''没有。什么是座右铭？''每个人都应该有个座右铭，现在就想一个吧，然后出去工作。'我就开始想自己的座右铭，走在街上，我看见一扇门上写着'推'，就对自己说：'就拿这个字当我的座右铭吧。'于是我推开门走进了那家公司。里面的人问我需要些什么,我说:'我想要份工作。您门上的那个字不仅让我有了座右铭,更让我有了自信,所以我敢走进来找工作。'我的态度赢得了老板的赞赏,他问了我许多问题,最后他说:'我就想雇用一个有勇气推动自己前进的人,既然那是你的座右铭,我就用你了。'从此我的人生发生了翻天覆地的变化,成功接踵而至。'推'这个使我成功的座右铭也可以让其他人成功。"

一个记者从高中时代就养成了记录名言警句的习惯,他写信给我推荐了这条座右铭:每天都是一个崭新的开始。

不同的座右铭适用于不同的目的,不同的心情。有的座右铭激励人们不断前进,有的座右铭告诫人们不能无所事事,还有的提醒人们工作应保持高效。

请记住以下这些锦言妙句:

坚持到底才完美。

正直是个无价之宝,它比红宝石、金子和王位更值钱。它是穷人的资本,带给人荣誉、安全感和力量。

人生要随时撒下芬芳的花朵,因为我们永远不能再走回头路。

机会不能靠等待,要去开创。

信守诺言。

确定目标、奋勇前行。

品德比任何事业都重要。

直面困难，不要退缩。

不要扩大自己的弱点。

不论从事什么职业，有个令自己振作的座右铭就会斗志昂扬、精力充沛，就能抓住前方的机遇，取得成功。

如果现在还没有座右铭，那就选一个吧。别选择那些只能鼓励人赚钱的座右铭，要选一句能让人雄心勃勃实现梦想的话。不要认为现在选择座右铭，努力改变命运为时已晚，要知道，成千上万个失败大军中的成员如果在半年内能专心努力地做一件事，就会发生意想不到的变化。只要能保持斗志毫不松懈，就可以改变现状。许多人本来已经失去了信心，就因为一句鼓舞人心的话、一本书或一个突然要承担的责任而变得奋发图强。

想成功吗？那就选一个震撼灵魂的座右铭吧！牢记心间，这样就可以信念永存，斗志永在。

第6讲

保持甜美的微笑

阳光般的性格是成功的关键因素。

要善于发现快乐，不然就算到了天堂你也不会快活。

每天起床就有个愉快的心情，一天都会快乐无比。

美国西部快递公司的每部客服电话下都放着一张“保持业绩的诀窍”，上面写着：“声音中一定要带着微笑，这不会多花多少时间，也不会浪费任何钱财，却能交到朋友。”如果上百万人每天在电话中都带着微笑说话；如果电话线中流淌的所有怒气冲冲的不满都会变成和谐轻柔的声音；如果每个人在任何场合都能面带微笑，那生活的负担和压力将大大减轻。

把阳光洒向周围人的生活，不仅能广结善缘还能造福人类。传递阳光心情和快乐情绪的能力比仅仅拥有美貌或才智更为重要。我想送给那些刚刚开始挑起生活重任的年轻人一句忠告：面带微笑地去发掘生活中的乐趣。不论身处何处、不论做什么，一定不能让不愉快的遭遇给生活抹上阴影，让心情变得沮丧。

那些对待生活极其严肃的人、把生活看成一种沉重负担的人、认为人生苦短应及时行乐的人，都是在以一种消极的态度消耗生命。这些人不明白，其实愉快的心情也是一种巨大的力量。玫瑰天生就要传播美丽和芬芳，人生来就应该学会传递快乐、阳光和爱心。悲观忧郁的生活是一种失衡的生活。美国幽默作家乔希·比林斯说："如果一个人不会笑，那就是他面部构造有问题。可如果一个人不愿意笑，那就是心理有问题，他就像一头掉入陷阱里的黑熊，拼命挣扎却仍无法逃脱。"

能够保持微笑并让别人也微笑的人总能在世界中找到自己的位置。有的人甚至不惜花钱请言语幽默的人同自己交谈，为的就是摆脱忧伤烦恼。已故好莱坞电影演员约翰·邦尼就是个能给众人带来欢乐的人。邦尼先生本是一名出色的舞台喜剧演员，但他想赢得更多的观众，1910 年转战电影界。一开始他每周仅有 40 美元的报酬，可三年后他每周的薪酬已涨到 1 000 美元。因为能帮观众赶走生活中的苦恼和乏味，邦尼在世界各地倍受欢迎，每天都有数不清的观众来信表达对他的仰慕之情。一次邦尼做环球旅行，从登陆英国南安普顿到返回美国旧金山，不论在人群拥挤的火车站月台，还是在偏僻的英国乡村，不论在风光旖旎的海滨胜地，还是在繁华的都市大街，到处都有欢呼的人群迎接他的到来。在伦敦，一个陌生人走到他面前对他说："邦尼先生，我在离开南非之前的几周看过您的电影，南非的黑人朋友们也十分喜欢您。"所有人都喜欢阳光般快乐的人，因为他们能像太阳一样驱散生活中的阴霾和乌云。

灿烂的笑脸是治愈一切疾病的良方，早一天学会保持甜美的微笑，就能早一天拥有勇气在黎明尚未到来之前去迎接前方的曙光。乐观的生活态度和面对灾难时保持微笑的勇气使我们安全度过了生活中的一切大风大浪，任何艰难困苦都不能伤害我们。如果所有人，尤其是爱发牢骚、悲观失落的人，懂得用微笑去治愈一切疾病、弥补一切失误，那世界将更加美好。一次，我看见两个人吵得非常凶，眼看就要打起来了，这时一个表情和善面带微笑的人走了过来把两个人劝开，五分钟内就平息了争端。任何人都不可能对一个面带微笑心情愉悦的人动怒，也许，你本来对他有诸多的不满，可一看见那张友善的笑脸就怒气顿消。在战乱地区，很多勇敢善良的人用自己的微笑减轻了战火带给人的创伤和痛苦。"真庆幸自己还能保持乐观的心态，我还可以用自己开朗乐观的心情让简和海伦忘记伤痛，带给她们一丝希望。"这是一个法国劳恩的女孩给她远在美国的姐姐写的一封信中的一句话。"二战"时，她和爸爸、哥哥被困在欧洲战场，家已经成了伤员临时救助站，这个小女孩用自己的笑容帮周围饱受战火摧残的人重拾希望。镇定乐观的人永远都是世界伤口的一剂镇痛药，他们身上的乐观情绪不仅能抚慰心灵的创伤，还能凝聚前进的力量。

曾有个商人认为一个朋友深深伤害了自己，就与朋友大吵了一架，从此两人再也不来往。可后来他生意失败资金短缺，却又求助无门，万般无奈之下，他又找到了这个昔日的朋友，微笑着诚恳地请他帮帮自己。没想到朋友居然不计前嫌，爽快地答应借他一大笔钱，商人顿时目瞪口呆。在生死危急的关头，在其他朋友都拒绝帮助自己时，一个曾经被自己视作敌人的人却伸出了援手，把他从毁灭的边缘拉了回来。这个故事说明了这样一个道理：要善待周围的每一个人，才能在悲剧和灾难降临时找到渡过难关的办法。

笑对生活，困难和失望将在你面前倒下。紧锁眉头、阴沉着脸只能让别人远离自己。在一次严重的经济危机中，一家商店的货架上堆满了滞销商品，员工们一个个垂头丧气地站在柜台前。一天，老板无意中瞥了眼镜子，被镜中的自己吓了一跳。“镜子中的我十分悲伤，我觉得不能再继续消沉下去了，就对自己说：‘其实店里的生意还算不错，人们还没有失去购买力。但如果员工们整天这样灰头土脸，像待在垃圾堆里似的，就算在经济繁荣的时代，顾客也会全都给吓跑了。’后来，我给员工们开会，告诉他们必须马上打起精神来。我要求每个人上班时必须面带微笑，绝对不能让外人看出来咱们生意不景气，谁不微笑我就炒谁的鱿鱼。从那以后，店里的生意红火起来，效益甚至比经济危机前还好，这都是因为微笑吸引了大批的顾客。看来，面对萧条的经济，拉着一张长脸，还真会把顾客赶跑。”的确，“没有微笑就没有顾客”，谁愿意对着一张酸溜溜、怒气冲冲的脸谈生意呢？欢笑能吸引更多的顾客，让生意更红火。微笑是经商的妙计，是商场上的赢家，悲观忧郁只能毁掉微笑创造的基业。朋友，你可曾想过，一张悲伤的苦瓜脸和无礼的举止会把亲朋好友吓跑吗？每个人都愿意远离黑暗和寒冷，走近光明和温暖，走进和谐融洽的环境。

心情愉悦的人看到的总是万事万物光明的一面，这样的人即使失败了也能找到东山再起的力量。因为他们不仅使自己快乐，也给其他人一种难以描述的快乐幸福的感觉，所以他们在哪儿都是最受欢迎的。

笑容是给朋友的最好礼物。美国著名作家爱默生在康科德的图书馆着大火时，好友路易莎·奥尔科正好在旁边。她回忆说：“我看见爱默生站在大火旁，火光映照在他坚强的脸上，我想上前安慰安慰他，但他却回过头来，笑着对我说：‘没事儿，路易莎。你看，这图书烧出来的火焰多么漂亮！好好欣赏吧，以后很难有机会看见这样的景色了。’我永远也忘不了这件事，从此以后，每当我遭遇什么损失时也学着像爱默生那样从中发现美丽快乐的一面。”跟爱默生一样，主教菲利普·布鲁克斯在他所到之处也给人以阳光般的温暖。一家波士顿报纸曾刊登过这样一句话：“昨天阴雨连绵，报社所在的整条街都死气沉沉，可菲利普主教一走过，马上雨过天晴。”菲利普主教像太阳一样散发着光和热，他走到哪儿，阳光就照耀到哪儿。我曾在波士顿和他见过两次面，他微笑的脸庞的确能鼓舞人心。见过他的人都说，菲利普主教就像是上天派来的使者，和宇宙的源头相通，给人带来无尽的力量。在波士顿，菲利普所在的教堂每天来访者无数，很多人还特意搬到菲利普的教堂附近居住，就是为了能更多地感受到他带来的快乐和温暖。因为菲利普，教堂周围的土地、民宅的价钱都大大上涨。

看到愉快的笑脸，没有一个人不会感到神清气爽、精神振作。我脑海中就一直有一张朋友的笑脸，每当我忙碌不堪或面临艰难抉择时，这张脸就浮现出来，给我鼓励。不论多忙，只要一接到这位朋友的电话，我都愿意和他聊天，因为他能使我的生活轻松愉快。这个朋友心态平和乐观豁达，从来不把地位、金钱看得很重，他充满温情、热爱生命、感谢生活，所以很有人缘。光芒四射的人能使生活之水变成佳酿，他们微笑的问候能魔术般地驱走人们心中的忧思，让所到之处摆脱黑暗迎来白昼。他们是免费的公共健康服务队。一个纽约报童说他有一个女顾客，每天卖报纸时总是面带微笑同自己打招呼，单调乏味的卖报生涯也因她的微笑而变得轻松愉快。金钱的富翁只能给自己带来好处，而欢笑的富翁却能造福周围所有人。带给别人的欢乐越多，自己收获的快乐就越多，就像放入土壤中的种子，种得越多，收获也越多。

面带微笑的人就是一个太阳，这个太阳没有偏见、没有仇恨也没有憎恶,他的温暖能照进国王的殿堂,也能照进百姓的陋室。他的光线能穿过污秽之地,让淤泥中开出洁白的百合和鲜艳的玫瑰,让每一件事物放射出耀眼的光彩。

乐观创建生活,悲观毁灭生活。欢乐具有很强的治愈能力,每个人都能在欢乐的笑声中重整旗鼓。欢笑是社会的主旋律,正是因为欢笑的存在人生才值得一活。和忧心忡忡的人相比,乐观向上的人很少得病,因为欢乐能使人身心健康,远离疾病和衰弱的困扰。意志消沉则会削弱抵抗力,是疾病的元凶。

钢铁大王安德鲁·卡耐基说:"没有欢笑就没有成功。人们应该从工作中发现快乐,愉快地工作,任何疲惫都会烟消云散。"然而,很多老板却不鼓励员工在工作中保持欢乐的气氛,认为这不够严肃,还浪费时间,会让工作秩序混乱。但也有很多人同意卡耐基的观点,觉得让绷紧的神经暂时放松反而能提高工作效率,还能使员工身心健康。

笑对困难的能力比所罗门宝藏更珍贵,有勇气突破黎明前的黑暗、微笑地面对朝阳的人手中永远握有一笔巨大的财富。人们从孩提时代起就应学会将生活看成上天赐予我们的一个美丽的礼物,所以每一天都应该像得到礼物一样开心快乐,每个人都是一个国王,生来就有得到成功幸福的权利,没什么事儿值得我们伤心失望。有一个老妇人每天都非常快乐,别人问她为什么能那么开心,她说:"小时候大人就教育我要保持愉快的心情,尤其是吃饭的时候。我爸爸是个律师,脑子里整天装的全是枯燥严肃的法律条文，可一到吃饭的时候，他就会面带微笑地跟每个人聊天，我家的餐桌总是充满欢声笑语。如果哪个孩子吃饭时哭丧着脸，大人就命令他离开饭桌，什么时候心情好了再回来吃饭。家长告诉我们，所有鸡毛蒜皮的小事儿和抱怨都得在吃饭时忘得一干二净。现在想想，那时父母的教育真是让我受益匪浅。”

整日板着张脸、悲观忧郁、乱发脾气的人迟早会被周围的人视为无法容忍的另类。整天绷着张臭脸生活在一个充满欢乐的世界里，不仅是对同胞的无礼，也是对上天的不敬。保持快乐的笑脸是种义务，每个人都应该满怀希望地笑对世界，这样，整个人类社会才会健康蓬勃地发展下去。

我十分反感画廊中展出的一些面露忧伤的基督教教徒的肖像画。忧郁的表情代表软弱和失败，可教徒应该是光明的使者，是传递快乐和希望的人，所以他们的表情应该充满胜利的喜悦。他们应该像个凯旋的国王般阳光四射，而不是受气的奴隶般满脸阴影。

美国作家比彻说过这样的话：“滚开！这些哭哭啼啼的家伙！此刻鸟儿正在天堂欢唱，你们这些不懂快乐的人好好反省吧！赶快祈祷自己能早日走出昏暗进入光明吧！”相由心生，心中的每一丝怒气和仇恨都会在脸上表露出来，拥有甜美笑容的人一定拥有善良宽厚的内心。所以，一定要保持快乐的心情，时刻提醒自己：“今天我不能对任何人动怒。”无论遇到什么烦心事，都要保持平和的心态。想做快乐的承载者，就要让脑中充满快乐美丽的图景，让这美丽的图景赶走悲伤和失落。

想吸引朋友、想工作优秀，就让脑中充满阳光吧！在纷争和怒火埋葬你之前，先把它们消灭掉。要学做一个日晷——“只记录有阳光的时间”。

想在社会中大干一番吗？那就首先学会保持快乐的笑容去享受生活中的点点滴滴吧！不论遭遇什么困难，一定要从每天的生活中找到乐趣，让所到之处充满阳光，充满朝气！

第7讲 培养自己的勇气和自信

我喜欢步伐坚定、目标专一、勇于成功的人。揭去包裹在外表的甜言蜜语，懦夫将逃之夭夭，勇者将继续前进。勇敢地打拼出属于自己的一片天地，世界万物都在为勇敢的精英服务。要勇敢地按照自己的信条生活。不必去计较、理会那些无助于你成功的侮辱和诽谤。

——威佩尔

勇敢地活着是你生命的信条。

一切皆效力于勇敢的灵魂。

如果有种信仰能够移山，那信仰必是相信自己的力量。

相信自己无所不能，便会攻无不克。

——爱默生

“想知道一个人成功的概率有多大，那就看看他的眼神，如果他的眼神游移不定，那这个可怜虫就缺乏勇气和自信，需要鼓励。”成绩和才能不成正比的主要原因就是缺乏自信，仔细观察那些失败者就会发现，尽管他们有足够的才能，但性格懦弱，缺乏勇气、信心和毅力。这些人的潜能一旦得不到挖掘、才能一旦得不到发挥，便自暴自弃了，于是便落后于他人。总想着失败的人，萎靡不振将伴随他，黑暗的未来将笼罩他。莎士比亚说：“懦夫在死亡之前，其实已经死过很多次了；但是，勇敢者一生只能死亡一次。”生活中胆小怕事的人，奋斗中怯懦退缩的人不可能成功，他们在行动之中总是思前想后，凡事都需要别人来替他拿主意，为他拍板定夺。如果一个人连自己都不相信自己，别人怎么会相信他呢？缺乏勇气和自信，就缺少拼搏奋斗之力，故而，也就没有了创造力，一生只能听从别人的摆布与指挥，人生将失去辉煌。就算一个人的各项能力都十分出色，但只要缺乏勇气和自信，奋斗中，他就必将失败。缺乏勇气和自信的人，就只能作命运的玩物、时代的奴隶。

自信能消灭恐惧和疑虑，给人以无穷的力量，助人实现梦寐以求的目标。只有具备了足够的勇气和信心，各项才能才会充分发挥出来，自豪感会推动人们再接再厉，创造更加辉煌的业绩。在古希腊斯巴达地区，母亲在孩子很小的时候，就培养他们骁勇善战、勇往直前的性格，所以斯巴达的将士们个个都是敢打敢拼、不怕死的勇士。想成为王者，就必须像勇士们那样，无所畏惧，勇往直前。只有相信自己的实力，才能应对各种紧急情况,以势不可挡之势突破各种艰难险阻,出色地完成任务。一个充满自信的人往往能取得令世界瞩目的成就,圣女贞德的故事给我们的启示是:在日常生活中,每个人的能力只发挥出了一小部分,要想成就伟业,必须要有崇高的理想,用无畏的勇气和坚定的信念,将自己的潜能和才能全部激发出来,创造出令人瞩目的丰功伟绩。

天有阴晴冷暖,月有盈亏圆缺。人无完人,没有时时都顺利的事。充满勇气和自信的人也要走弯路,也要犯错误。但从他们整个一生来看,用他们的成绩来衡量,这段弯路,这点错误又算得了什么!他们走过的人生之路,远远辉煌于胆小懦弱者的人生之路。成功永远属于勇敢无畏、自信自强的人。只要你自信、勇往直前,就没有你办不成的事、完成不了的任务。据说,格拉德斯顿在第一次议会竞选失败后,仍然每天一如既往地勤奋工作。他相信自己的能力与才华,相信自己选择的人生之路,相信自己总有一天会取得胜利。

伟大的灵魂承认失败,但他们不屈服于失败。失败使他们奋斗的目标更加明确,勇气倍增,信心十足。每一次失败都使他们离成功更近了一步。塞勒斯·菲尔德在36岁时就退出了商业圈,他想做些价值更大、业绩更辉煌的事情。当时,人们为了通讯更加方便快捷,想在大西洋底下铺设电缆,几乎所有的科研人员都认为此举是天方夜谭,但菲尔德却不这么认为,与支持他的专家们经过周密思考、仔细测算,一致认为此举可行。

于是，他动用了自己大部分积蓄，横渡大西洋50多次，规划、设计、铺设。就在大功即将告成时，海底的电缆突然断裂，前功尽弃。但是，他们不灰心，不丧气，找出电缆断裂的原因，把它修好继续铺设。再断、再修、再铺设……一次次失败，一次次修复，一次次再铺设。终于，电缆将大西洋两岸连接起来了，将两岸人的心也连在了一起。人们为这一成功的壮举而欢呼雀跃，可此时此刻谁会知道，塞勒斯·菲尔德与合作的专家们，为这一成功时刻付出了多少艰辛和汗水。他们的成功来自那宏伟的目标；他们的成功来自那不向失败屈服的斗志；他们的成功更来自那充满勇气和自信的力量。

一些年轻人在人生道路上，从不敢奢望这一生会取得什么巨大的成就，没有勇气，缺乏自信。因此，在学习工作、社会竞争中，常常人云亦云随大溜，当一天和尚撞一天钟。最终，这些年轻人一事无成，美好的愿望全都破灭。而那些成功的人则恰恰相反，他们敢于把自己那美好的愿望变成现实，他们有勇气去拼搏，有能力去争取，有信心，相信自己一定能够做到梦想成真。但是，勇气和信心一定要建立在理智、切实可行的基础之上，否则，这种勇气和信心将会变得狂妄自大，目空一切，最终，理想也将破灭。理智基础上的勇敢、自信，不会使你的拼搏奋斗变得鲁莽、困惑、惊慌失措，也不会让你走错奋斗的方向。成功者需要理智基础上的勇敢、自信，领袖级的人物更需要理智基础上的勇敢、自信。

安德鲁·杰克逊年轻时曾在田纳西州当法官，一次开庭审判，一个暴徒突然闯进法庭，干扰了正常的审判程序，杰克逊命令法警将此人逮捕，暴徒突然掏出一支手枪指向法警，面对众人怒吼道："谁敢往前走一步，我就开枪！"法庭外的警卫们也都来了，可是暴徒仍然穷凶极恶，根本就没有惧怕、屈服的意思。暴徒双手握枪，继续与法警对峙着、僵持着。此时，法庭内死一般寂静，只能听到人们急促的呼吸声，一分钟、两分钟、三分钟……杰克逊冷静、果敢、坚定地说："现在休庭 3 分钟，请大家暂时离开法庭。"接着，他走下法官席，眼神坚定、毫无惧色，徒手走向了那个暴徒，暴徒顿时被他威严的气势吓倒，像小鸡见了老鹰一样跌坐在地上，俯首哀怜，请求法官大人饶恕他。原来，他就想通过暴力闯入法庭，发泄对社会的不满，在社会上造成一定的影响，以减轻生活中的压力，没想到碰上了杰克逊这位不怕死的法官。事后回想起来，当时，若没有杰克逊的冷静、果敢、坚定，法庭上很可能会发生命案。我们在生活中、工作中，为什么不学学杰克逊呢？在社会竞争中，在成功的关键时刻，人们总是缺少杰克逊的那种勇气和力量。勇气其实也分很多种。人们总习惯把勇气理解为英雄主义，比如在遭遇火灾、沉船、地震、交通事故等灾难时，一些人能勇敢、冷静、果敢地救出被困人员；在战场上，战士们那勇往直前、奋勇杀敌的气势。这些英雄人物的勇气来自面对危难时，体内产生的一种巨大的爆发力、冲动力，每个人天生就具备这种勇气。而面对嘲笑、讥讽和诽谤时，仍能做到镇定自若，坚守住自己的主张与冷静的意识，这比面对灾难所表现出的勇气更伟大、更崇高。因为，这种气质不是人人都具备的，更不是人人都能表现出来的。

在旧金山，飞行员约翰·弗里斯比要试飞一架新型飞机，他听说这种飞机在设计上有点缺陷，但他想：自己是老飞行员，若因为这点缺陷就犹犹豫豫地不敢上飞机，别人一定会耻笑，说自己胆小如鼠。所以他只好硬着头皮上了飞机，结果飞了不到半个小时，事故就发生了，飞机一个倒栽葱直冲地面，尽管约翰·弗里斯快速把自己弹出舱外，但为时已晚，还是命丧黄泉。当初，他明知道这架飞机在设计上有缺陷，试飞有危险，但他碍于自己是老飞行员的面子，怕别人耻笑，结果被面子夺去了生命。许多青年人一走进酒吧，就要喝上几杯酒，或是明知道有些事情自己不能做，但是，为了争强好胜，为了不丢面子，为了显示自己别样的才华，还是不顾一切地去拼争，结果一个个喝得东倒西歪，失去理智又打又闹，最终，被警察带进了拘留所，有的还因发生了人身伤害或命案被判了刑。仅仅为了不丢面子，就付出了这样大的代价，值得吗？但是在现实生活中，能做到坚守住自己的信条，不盲从，坚持走自己的道路，又绝非轻而易举之事。也有这样一些人，谈吐优雅，举止文明，从不公然嘲笑、诽谤他人，更不四处招摇撞骗。看似彬彬有礼、诚实守信，实际上却是个懦夫。他们没有勇气，不敢表白自己的想法，更是不敢拒绝别人的要求，别人让他低头，他不敢抬头；别人让他往西走，他不敢往东走。时时处处听从别人的指挥摆布，跟在别人后面。遇到点难题难处，他们就懵了、蔫了，不知所措了，一点自己的主见、想法也没有。你能崇尚、赞扬这样的人吗？精神上的勇气和自信，是一个人昂扬向上、真正活出自我的强大支柱，它使你能够经受住各种艰难的考验与迷人的诱惑，让你目标明确，一心一意地走在属于自己的人生之路上。没有这种精神的支撑，在困难面前总是思前想后，面露惧色、退缩不前，那么，你将成为下一个没有主见的懦夫。

找工作、推销商品或寻求帮助时，一定要毫不畏惧地走向对方，直视对方的双眼，充满自信地告诉他们你想干什么，那样愿望实现的概率将大得多。情绪可以感染人，充满勇气和自信的人身上有一种无法推脱、不可回绝的气势。如果一个唯唯诺诺的人走到别人面前占用人家宝贵的时间请人帮忙，那他得到的多半是回绝。想在社会上取得成功，让别人相信你、寄希望于你很重要，而在这一点上起着关键作用的正是你对自己的态度。世界只帮助勇敢自信的人。怀着一颗定能成功的热心去工作，就会获得无往不胜的声誉，这个声誉往往能帮你进一步化解前方的危机。成功的信念带动出不可抗拒的力量，助人突破万难，拼搏到底，直至胜利。具有这种信念的人，在任何时间、地点，都是领军人物。无论前方有多少失败、多少困难，只要牢牢抓住自信、不懈努力，就能成功。永远保持胜利的微笑，只要一息尚存就不举手投降。战争中多少旗手身负重伤，仍把旗帜举得高高，即使自己倒下了，旗帜也不能倒下，只要还活着，就必须让旗帜飘扬在空中。美国内战时，一个指挥官命令鼓手敲撤退鼓，鼓手说："我不会敲撤退的鼓点，我只会敲前进的鼓点。"于是，他起劲地敲响了前进的鼓声，那英勇顽强的战斗情绪很快传遍全军将士，激励着部队，最终转败为胜。生活中我们必须像鼓手那样，永远不打退堂鼓，高举前进的战斗旗帜，一直奋战到胜利到来的那一刻。

记住，当你允许自己泄气、感到自己一蹶不振时，你就正在放倒前进的旗帜，举手投降。失败的第一步就是开始怀疑自己。要想成功，就得相信自己生来就具有成功的品质，相信自己能够出人头地。贫穷算什么！逆境算什么！恶劣的环境更能激发我们前进的勇气和力量。勇敢地否定一切不利因素，相信自己生来就是能够统摄自己命运的人。要像守住财富一样牢牢地守住自信，丢掉了自信就丢掉了根基，人没有了根基就不可能立稳脚跟。这个世界上最不值得怜悯的人就是怀疑自己的人，当今社会许多失败大军中的人都还在感叹，要是能重新找回自信，那自己也许还能再打一次漂亮的翻身仗。自信是一切勇气的源泉，要利用一切机会改造自己，不断提醒自己能够成功。相信自己：我能行！就能获得夺取成功的巨大力量。

第8讲

精诚所至，金石为开

总会有办法的，如果没有，就想一个出来。

对于天才来说，障碍还未设起。

——贝多芬

据我所知，还没有哪个毋庸置疑的主权思想能够拥有这样的特征：无论同伴、合伙人及财富发生怎样的变化，希望都不随之减弱，反而使反对的力量越发疲惫，最终自己到达彼岸。

——爱默生

如果我们面对困难一直保持警惕且不断受到激励，就不会向后倒退，走下坡路。这就好比让一个小孩子自己待着，没有大人的约束和指导，他们会变得怠惰懒散，没有出息，甚至会道德败坏。我们把自己的父母或者老师当作榜样，因为他们与我们在一起生活的时间最长。他们总是鼓励、启发我们，试图挖掘出我们的另一种天性，他们的力量不容忽视。

人如果能通过意志力去努力，试图全心全意地使自己变得完美，很多事情便会魔法般地发生转变。

许多人在生活中，通过阅读一本励志书籍或者得到某个信任自己的朋友的鼓励，追寻到了自我发现的转折点。这说明，即便没有经过长年累月的磨炼，人的性格也有可能发生巨大的变化。这种改变仅仅是简单的一个转身，转身面向另一个方向，一个与敌人对峙的方向，这才是原本应该走的正确的道路。发现自己曾处于邪恶或可耻的状态会使一个人震惊，使他重新审视自己，并立即决心改变自己的生活。

没有哪个人不能转过身向正确的方向走去。这只是一个意志力的问题，一个自我训练的问题，一个养成新习惯去代替旧习惯的问题。

我们经常听见那些性格令人讨厌或者坏脾气的人抱怨他们生来就是那样，他们的一生都被遗传的过错给毁掉了。但是，我们怎样解释那些悲剧发生后性格的瞬间转变？怎样理解下决心戒酒，告别糟糕的生活的行为，或者突然决定改掉散漫懒惰等不良习惯的做法？我们怎样解释一个被认为一辈子都会无所作为的年轻人突然改变自己的性格？一场意外，面临突如其来的灾难，至亲的离世，财产的丢失，一场火车事故或沉船事件，在火灾中面临死亡，宗教复兴，对于自我或者生命真正意义的发现……这些都是导致很多人生活改变的原因。所有这些事例都证明，我们的思维和习惯会改变，并且可以塑造一种全新的性格和品质。即使在晚年，这也是完全有可能的。

成千上万的人都利用新年计划完全改变了自己的性格和生活。我了解一些人，他们被社会遗弃，被自己的家庭当作难以忍受的人排挤在外。然而通过某件事或某个人，他们突然间奇迹般地找到了自我，不仅改变了原来的行为和生活态度，并且脱胎换骨，从此生活在阳光下。

如果我们非常想做好一件事，那么，无论如何都会找到办法。但是，对于我们大多数人而言，问题是，我们不愿为自己想要得到的东西作出牺牲，不愿以非此不可的态度去追求。事实上，只有这种态度才能带领我们翻山越岭，跨过海洋，到达目的地。我们只想轻松上路，而不是以有力的行动来支持自己的愿望；不积极、不尽力争取是不会得到机遇眷顾的。无论在何处，我们都会看到因误入歧途而导致希望破灭。那些因为等待太久而丧失了行动能力的人，慢慢地再也看不到机会，更无力抓住机会。

机会的大门会为顽强的意志力和坚定的决心而开。在别人退缩的时候你还坚持努力，只有这样的人才能打开机遇的大门。机会就存在于敏锐的大脑，存在于毅然决然的思维，存在于勇敢的品质，存在于坚持不懈的精神和持之以恒的努力。

我亲爱的青年朋友们，你是否曾抱怨你的生活缺少机会，抱怨自己一事无成是因为无人帮忙或者无人督促？那么，看看周围的人吧，他们与你一样念完了大学，正在从你认为毫无价值的环境中创造辉煌；残疾、健康状况很差或者是低能孩子中的杰出代表，是否让年轻且身心健康却毫无作为的你感到羞愧？当一个失明或者聋哑的女孩可以完成高等教育、写书，成就更多非凡事情的时候，那些家境贫寒的年轻人又怎可为自己的碌碌无为和平庸找借口呢？我知道一个新奥尔良州的女孩，她双腿残疾，却一直坚持在一所夜校读书，并且坚持了好多年。不，你缺少的并不是机会，而是精神、勇气和毅力，正是这些区分了生活中的失败者和无视困难、奋力达到目标的胜利者。“坚定的毅力终会找到出路。”

一些人说那是不可能完成的事，
他轻声笑着回答，
“也许不可能”，
但是，他是那个
不会说不的人。

他专心地做，带着平静的微笑。
担心了，他会掩饰。
他唱着歌，做着那不可能完成的事，
那件不可能完成的事，那件最终他做成的事。

有人嘲笑道："啊，你永远不会成功；
至少还没有人成功。"
他脱掉外套，摘下帽子，
我们知道的第一件事，是他已经开始做了。

他微扬起下巴，轻轻咧嘴笑，
没有疑问，没有争论；
他唱着歌，做着那不可能完成的事，
那件不可能完成的事，那件最终他做成的事。

为什么不记下由爱德华·盖斯特写的这些句子呢？有些时候，当你面对困难的时候，它们可能是一种鼓励。

记住，在这个世界上，任何需要完成的事情都可以完成，且都将被不畏艰险的人完成。如果你缺少能力、勇气或者决心去完成，很可能离你不远的人能够也愿意去完成它。也许你无法找到方法，但是，你的周围总会有人能够找到方法。在他努力完成这件事的时候，意志力会使他充满力量，为他找到突破之处。

历史上，记载着许多贫穷的人所取得的成就，要不是这些贫穷的人的不屈决心，今天的我们可能还在乘坐马车，我们不会有电、汽车，甚至是缝纫机。需求不仅仅是发明之母，更是文明之母。

所以，与富裕的人比起来，贫穷的人有一些难以比拟的优势。当然，他们也有缺点，和我们大多数人一样，他们有时也会懒惰。对于大多数人来说，世界上最难克服的就是天生的惰性。普通人不会去抵抗这种惰性，对他们来说，它如同呼吸一样自然，他们需要各种刺激使自己保持前进，向目标靠近。

你的余生怎样度过，完全取决于你自己和你决定怎样利用时间，这点我想不用经常重复，也不需特意强调。你的时间——每天、每小时、每分钟——是你购买生活的货币。除了自我激励、自我启发，没人能帮助你。

世界从未像今天这样需要杰出的青年人，从未像今天这样强烈需要有头脑和体魄健康的青年人。知识永远宝贵，决心和勇气永远不会向机会乞求。拥有这些，你的生命便不会虚度。

我知道，有些年轻人，他们在一个固定的职位上做得很好，然而别的行业仍然需要他们，以至于他们的雇主不得不支付高薪，努力挽留。有各种各样的职位向他们发出邀请，因为他们为自己赢得了好名声。

能被人记住的年轻人，能够在周围环境中留下印记的年轻人，世界都会倾听他的故事。我们每个人都会仰慕那些奋勇争先的年轻人，会情不自禁地支持他，在力所能及的时候帮他一把。

年轻人意识不到他人创造的氛围对自己道德的影响，也意识不到来自他人的希望和美好祝愿的价值。有进取心的年轻人在受到别人的鼓励时,会产生一种巨大的自我推动力。被人称赞有前途是一种不错的激励和一剂受益终身的滋补良药。如果认识我们的每个人都在思想上鼓励我们,希望我们成功,为我们前进的每一步感到欣喜,这比拥有一个巨额银行账户好得多。

另一方面,一个虚度年华、没有骨气、没有出息的人,就像一堵死墙或深不见底的山谷。人人都会远离这种不求上进、浪费机会的人。

一个坚定的灵魂可以终生保持自我成长,自我提升,自我充实。但这只是理想中的人。我们不妨每隔一段时间就坐下来评价自己,问自己:"我在成长吗?在进步吗?我在千方百计完善自己吗?我在充实自己的生活吗?还是已经停止努力,停止前进了?"

每一次软弱的逃离生活都是对自尊的背叛。如果我们怕任务艰巨而退缩,如果我们嫌辛苦劳累而退缩,如果我们因为味道苦而拒绝品尝困难这副药,我们就失去了自尊以及他人对我们的尊重。

可以肯定的是,如果仅仅是愿意去做,而没有能力去做的话,也不会成功。

源于自我改善的自我充实像是放大镜。增加镜头,提高放大倍数,便可以看得更远,更清晰。

不断地扩充知识,提高能力,为成为伟大的人不懈地努力;

开拓思维,使视野更加广阔,对于一个坚定而有抱负的灵魂来说,这才是伟大的人生大学。

经常有人要我指出一个年轻人身上能显示出其能力的品质,即具有成功者素质的标志。

一个年轻人能够成功,其中一个永恒的因素就是胸怀抱负并且积极向上。仅仅保持现状是不够的。这只是粗劣的没有价值的心胸,那些实际上注定会成功的年轻人,总是野心勃勃地不仅要做,还要向上做,总是心胸敞开,时刻准备获得更多的知识,提升自己的能力。

会赚钱或者拥有财富不总是衡量一个人真实能力的标准。勇于与生活做斗争的人通常是更好的战士。大多数情况下,最好的能力不是从金钱或名利中得来的。战争中,冲在最前面的人才能获得绝好的机会。

正是那些辛勤工作,为自己赢取声誉的人,占据着承担责任与权力的位置,而不是那些胆怯的、不可靠的、懒散的人。无论在哪个团体,当巨大的危机出现时,人们总是希望那些干过大事、有成就有威望、总能出色完成任务的人来领导他们渡过难关。哪里都需要有能力的人。那些做事充满活力,有气概,把勇气和决心带在身边的人总是在紧要关头——所谓的好机遇——冲到最前线。

我认识一个年轻人,他来自一个勤奋谦虚的家庭,大学毕业后不久,就得到了来自多家公司提供的高薪水的工作邀请。

他不是天才，也没有特殊的天分，但是他懂得坚持自己的主张，懂得坚持就是胜利。他知道奋斗的力量，清楚勤奋可以带来奇迹，愿意为升迁付出代价。这就是他抓住“好机遇”的全部秘密。这个年轻人的进步，并不神秘，也没有特别的运气，他没有显赫的家世，他知道成功需要坚持，需要自我挖掘、自我敦促，他知道生存之道——这就是他的秘密。他不去等待需要别人确定的事情。乔治·艾略特说过：“没有什么大事是由总是踌躇不决的人完成的。”

凡事都要犹豫的人不会在世界上作出任何卓越的成就。要有勇气去做那些值得做的事情。另一方面，无须理会事情负面的可能性，如果想胜出，必须要有胆识。

我们总是轻易给自己找借口，称缺少机会。但是按照规律来说，如果强烈渴望一件事，无论如何都能成功地抓住它，至少有这种可能。

实用心理学这门新学科强调，要与众多失败做斗争，创造生活的奇迹。现在有许多所谓的穷人，他们富有能力和天赋，但是却因为丧失了对自己的信心而暂时失败了。他们放任自己意志的薄弱。他们中的很多人在某个经济危机中失去了财产和地位，变得垂头丧气。他们身上还保留着大量的潜在力量，他们需要的是被唤醒。当他们意识到能够再次获得来自生命这个万能之源的帮助，并且身上拥有可以带领自己走出贫穷和失败的东西时，一定会拒绝继续沉沦下去。他们会站起来证明自己。正如菲利普·布鲁克斯说的："当人类瞥见更好的自我，更完善、更有天赋的自我时，他不会满足于现状，直到变成他看到的那个更好的人。"

从罪犯变成基督徒，成为一名自尊自强的社会成员，多好的例子啊。多少曾经威胁到社会安全的人，当希望之火点燃他们沉睡的本性时，便蜕变成内心健康、有价值、有道德的、成功的公民。

许多对世界历史有突出贡献，给人类生活留下深远影响的人，曾经也是穷困潦倒的失败者。某些事触动了他们，唤醒了他们心中的美好，使他们从失望走向希望，从灰心丧气变得雄心勃勃。可能是因为读过的某本书，听到的某句鼓励的话，或者来自别人的一点善意的行为激发了他们，使他们想在自己的生命中做出一些什么。他们从阴郁的生活中走出来，开始走上正确的道路，从丑陋变得美丽，从错误转向正确，开始做有意义的事。

如果性格有缺陷，或者很贫穷；如果没钱上大学，没有资金做生意；如果缺乏影响力，那么，你更有理由唤醒最好的自己，坚信没有障碍能够削弱、妨碍你的进步。克服障碍并不是一件很困难的事情。那只是决心、勇气和意志力的问题。这比财产和美貌更重要。

你也许很穷，也许没人推动你、鼓励你，但是只要有意志力和决心，你就可以取得成绩。你可以把意志力和决心置于财产和影响力的位置之上。当朋友背叛你甚至抛弃你的时候,意志力和决心会帮助你。

历史告诉我们,那些为世界做出贡献最多的人都是在冷淡、充满敌意的环境中将自己锻炼出来的。

伟大的发明家们进行的研究,都是在长年物资缺乏和他人百般的阻拦下进行的。他们被亲人指责,被朋友误解,但最终,他们成功了。

文明与奇迹都是被这样的人锻造出来的,他们把心思全部倾注在目标上,什么也不能阻挡他们奋力前进的脚步。他们对内心渴望的事情满怀热情,勇敢地跨越了不计其数的危险、饥饿,甚至是死亡,从没想过放弃。

障碍的大小与克服它的力量和决心成正比。胆小者会觉得眼前的障碍看起来很巨大,但是对于勇敢的人来说,困难比起他所追求的东西要渺小得多。事情越艰难,障碍就越大,而消除障碍需要的勇气也就越大。

有的人把每一次挫折都当成终点,或者将它看作自己不能成功的象征。那种坐下来哀叹、抱怨因为运气不好而导致失败的人很软弱,不会成就大事。

对于那些注定会胜利的人来说,失败只是暂时的。他们只会把失败当作一次小失误,然后带着重建的决心,比以前更坚定的决心站起来,继续走下去。

第9讲

好习惯是好伙伴

在培养新习惯丢弃旧习惯的过程中，我们必须用心将自己变得更强，而且要尽快下定决心。

抓住任何可能的机会去执行你制订的每一个计划，接受可能遇到的情感激励，向着你希望养成的好习惯前进。

——威廉·詹姆斯

在一本杂志中，格兰特将军的一个朋友讲述了下面这个故事。这是他本人和将军在战友都已入睡后的深夜，坐在营火边展开的对话。

“将军，真的很奇怪，您经历了所有的战乱与前线生活，却从未有人要求你去宣誓。我从未听说您讲过什么誓言或发过什么诅咒。”

“哦，不知什么原因，我从来就不会宣誓。我小的时候，就对宣誓感到厌恶，当我长大了，更是觉得宣誓很愚蠢。我注意到宣誓容易引起一个人的怒火，当他因发怒而情绪高涨的时候，一直冷静的对手便会胜过他。事实上，我从来不觉得宣誓有什么作用。

"我认为大多数人频繁地宣誓仅仅是出于习惯，在我看来，他们是在浪费时间。"

不同于那些只能重复做一件事的坚硬的钢铁或铜质机器，人类这个机器，在幼年时期，是可塑的、温柔的、易受影响的。通过成千上万次重复同一个动作，在大脑里，我们建立思维定势，养成习惯。因此，比起未知的路途，走多年的老路会容易得多。

"如果一个年轻人能够意识到他会变成习惯的奴隶，"威廉姆·詹姆士教授说，"那么他在习惯养成的阶段就会留心自己的行为。"每一个——哪怕一个很小的精神上或不道德的行为对他的打击，都会留下伤疤。杰弗逊戏剧里喝醉的里普·万·温克尔，每次玩忽职守后都为自己辩解道："这次不算数"。好，他也许不把这当回事，仁慈的上帝也许也不会当回事，但是那依然是事实。

当一个人突然发现别人都认为自己是个谎话连篇的人时，通常都感到震惊，做梦都想不到自己居然养成了这样一个习惯；在意识到这点之前，为了某些暂时的目的而稍加歪曲事实，已经在自己的神经和脑组织中形成了惯例，直到撒谎几乎变成一个生理需要。

我们经常为那些看起来正直诚实的人所犯下的罪行感到震惊。但是，如果检查一下他们的神经机制和习惯，会发现正是一些他们认为平常的举动，引导其走上了犯罪的道路。

我们总容易忽视习惯的生理作用。每重复一个动作都会使我们更加倾向于做这个动作，并在神奇的身体机制中产生一种无休无止重复的趋势，这大大提升了重复动作的比例。最终这个动作将会由自然的一个反应变成一种自觉的反应。

一个音乐家能用钢琴在短时间内弹奏出24个音符。每个音符需要三根手指动作——弯下、抬起和至少一个侧指的运动，每个动作都需要单独的一部分意志力控制，要有精确的速度和力度，才能点到正确的位置；对于按下的每个音符，脑电波必须先从大脑传到手指，再从手指传到大脑，这需要早期的刻苦练习。

综观人的一生，大脑一直在训练身体的不同部位形成习惯，使反应动作变成自觉性的动作，从而把维持生命的大部分职责分配给神经系统。这是大自然奇妙的法则，把大脑从单个苦役中解放出来，使它可以自由调动身体各部分，全力行使高级行为。

人生的每一个动作过后，都与之前的自己不同。你正在快速地、准确地朝好的方向或坏的方向前进，身后是由习惯累积的推动力。通过一直重复某个动作而获得的推动力，它一直带你向前冲啊冲，速度越来越快，越来越难以停止，越来越不可能停止，即使我们试图去停止，也毫无用处。

一个著名的心理学家说过："25 岁时，你已经可以看出年轻的旅行推销员、医生、外交官或者法律顾问身上的职业品德。你能看出他们的性格、思维方式、偏见、消费方式中存在的差异。一个人不能马上从坏习惯中逃离，就像他的外衣袖子不可能突然变褶皱一样。"

许多人只是由于习惯而长年待在不适合自己的位置。早上起床时，你会沿着习惯的方向下床，这再自然不过。一些人的习惯非常强大，他们处于不合适的位置太久了，即便本能告诉自己处于错误的位置，但习惯却牢牢地抓住他们，使其无法摆脱。

那些受制于习惯的人让我想起了之前不知在哪里读到的一则关于奶牛的趣闻。"这件事，"作者写道，"发生在俄克拉荷马州伊尼德市一家自来水厂的抽水站。房子外边立着一个总是装满水的水罐，为路过的人和周围的居民提供用水。一头奶牛在早上过来喝水，它已经习惯在这个水罐里喝水。这天，山谷里到处是昨夜积的雨水，比水罐还高出两到三英寸。但是这头奶牛蹚过浑水，径直走向水罐。途中它两次陷在泥里，差点淹死。但是它坚持不懈，终于到达了目的地。在喝了好久，喝饱之后，它四处走走，慢慢回到了岸上。"很明显，它很满足，因为它完成了今天唯一的一件事，喝到了水。

很多没有找对自己位置的人在某个方面其实有着非常优秀的能力，但是他们在原来的位置上艰苦地做了太久，以至于即使机会来临，他们还是埋头在原来的老路上缓慢前进，想都不去想做任何的改变。

尽管通过坚定不移地练习，在任何时候养成或是改掉一个习惯都是可能的，但是人们在25岁或者30岁以后，除了在原来的路上走得更远一些，还是很少作出改变。一个小丑的故事很好地说明了这一事实。这个有经验的小丑看到一名退伍老兵把晚饭带回家，突然大叫起来："立正！"那名老兵立刻把手放下来，饭盒里的蘑菇和土豆都掉到污水沟里去了。军事训练的影响根深蒂固，已经深深植入这名老兵的神经系统了。

实际上，对于一个中年人来说习惯就是他的命运。一个一辈子都懒散怠惰的人一夜之间变得勤奋，这有多大的可能？挥金如土的人变得勤俭节约呢？或是放荡不羁变得品行端正？世俗、满口脏话的人变得文明又纯真？要是你足够努力，可以改掉坏习惯；如果不努力，机会就只有百分之一。

年轻人经常有些小习惯，或是小怪癖，这些都阻碍了他们的工作或是社会生活。这些小习惯本身或许不是重大的错误，但是它们总是惹自己的雇主不悦，尽管他们的雇主并没有完全意识到。许多年轻人有很大的社会价值，受过良好教育，有能力，但是却没能找到好工作，或是找到了好位子却没能保住。这都是因为他们一些不起眼的习惯或怪癖造成的，别人对他们产生了偏见，而这些小毛病要是在小时候就被指出的话，原本是可以改掉的。

好习惯的养成便是性格的培养。早上定时起床，准时赴约，彬彬有礼，真心善良，乐于助人，有条不紊，井然有序，准确地叙述事情，做事有始有终、小心诚实，永不怠惰，这些好习惯都会给生活带来不可估量的好处。

无论是培养性格还是抛弃坏习惯，我们可以让自己的意志听从吩咐，做任何乐意做的事，特别是在年轻的时候。意志既可以培养真心诚实的习惯，也可以培养虚伪可耻的习惯。它能使人成为一位英雄或者一个懦夫；它会坚定决心直到一个人创造奇迹，也可以使人犹豫不决、生活支离破碎；它能使你坚持不懈直到养成了勤奋努力的好习惯，也能使你变得好逸恶劳无精打采，对所有的努力都感到厌烦，觉得成功遥不可及。

好习惯很大程度上依赖于自律和自我肯定，而坏习惯像野草一样不需播种便蔓延。

鉴于上述原因，最好时不时驻足回顾一下，看看我们正在养成哪些习惯，可以试着从别人的角度看自己，这能使我们从中获益。

多少原本可以大有作为的人却被早期养成的懒惰、无序的坏习惯给毁掉了！他们对坏习惯不作任何的抵抗，任其发展，直到最后所有的努力都毁于一旦。太多的女孩都被懒洋洋的习惯深深毁掉，她们衣衫不整地躺在房间里，读愚蠢的小说，整天无所事事。

随便,懒散,讲话没谱,语句混乱,马马虎虎,不修边幅,表达啰唆,所有这些坏习惯都可能影响一个人的命运。无论在哪里都可以看到挣扎着想要摆脱早期养成的坏习惯的人们。

谁能计算出自卑,或者不经好好洗漱、穿戴整齐就出门的习惯给人带来多少伤害?

如果养成了粗心大意、不修边幅的习惯,你就会不知不觉地把这种习惯带到工作中。

我知道有的人削的铅笔就像是被某种动物啃的一样。即使这种小事也是一种性格的暗示,且将影响你其他的生活习惯。洗手、整理头发的方式也会体现在生活中其他重要的事情上。微不足道的习惯最终会影响到整个生活。

习惯的好坏决定了我们的生活是在祝福还是诅咒中度过,是得到帮助还是受到阻碍。

人一旦成年后,就有很多习惯难以改变,最糟糕的就是一个人已经习惯了失败,习惯了不是事事都能赢。

首先,失败令人感到尴尬,而且是一种可怕的尝试,除非我们把曾经挡路的绊脚石当作踏脚石。如果我们不能直面失败、以更坚定的信心去争取成功的话,失败便会如影随形。关乎命运的习惯是如何养成的,关于这一点,一名大学毕业生在一本杂志中讲述了他的一个同学、也是他的好朋友的故事。

"朋友与我从同一所高中升入大学",作者说道,"一起去上一些课。我清楚地记得上第一节数学课的情景，在那之前我们还一起做了预习。数学一直是她的弱项，而第一节课就弄得她灰心丧气。

“‘我真不相信自己能上那门课，’当我们分别的时候她对我说。第二天早上上课前我们才碰面。

“‘你准备好了吗？’我问她。她摇摇头。

“‘不行，可我学了整整一个小时，什么都看不懂。我打算放弃了。对我来说这太难了，我希望今天不要被提问。’

“开始提问了，我的朋友被第一个点名。她完全不知如何回答，老师批评了她，她满是恼火，不知所措地坐下了。

“‘看起来我永远不能在数学课上回答问题。’离开教室时，她几乎含着眼泪对我说。

“‘我昨天一整天都没复习数学。’第二天早上我们飞奔向教室的时候，她小声对我说，‘昨天的课和前天一样难，当我想起那天的情景，我一点都学不进去了。今天老师肯定不会提问我了，我明天再看吧。’

“结果那天她又被提问了，像前天一样，她又不知如何回答。这件事彻底打击了她，明显地，她再也不愿尝试上课了，一次又一次的失败，直到期末考试，而新学期开始的时候，又将面对更加复杂的数学课。

“‘我永远学不了那个。’她说完后就去找排课教师要求取消数学课。

"'不可能!'排课教师回答,'那是必修课之一。你必须把丢掉的补回来。'

"'那么我就辍学。'她真的这样做了,放弃了大学教育。"

要是这个女生一开始就努力一点点,就会有一点点的决心和精力去克服难题,把失败的结果扭转。要是她把精力都用来想怎样学习,怎样克服大学课程里的第一个困难,她的生活便会向前迈步,而不是一开始就毁了前程。

成功还是失败,取决于主导的习惯。正如卡莱尔说过:"习惯是人类最深刻的法律。它是至上的力量,而在某些情况下,也是使我们最痛苦的弱点。走自己的路,沿着自己的脚步寻找光明与成功,我留下的脚印将指引我再次来到这里,因为这是我最熟悉的一条路。习惯是我们在生活中遵守的最主要最基本的规则——习惯和模仿——没有什么比这两点在生活中更经常出现。它们是世界上所有工作、所有实践和学习的源头。

"我什么时候开始教导我的孩子呢?"一位年轻的母亲问一名杰出的物理学家奥利弗·温德尔·霍尔姆斯。

"您的孩子几岁了?"物理学家问。

"两岁了,先生。"

"那么你已经失去了两年。"

想一想年轻时养成提高自我修养的习惯,多读一些有益的、扩充知识的书籍所带来的巨大好处吧,与读那些肤浅、过度激进、使人产生邪念的书比起来,它们更能启发你,鼓励你。

千方百计获取知识，细心研究，对有价值的问题刨根问底，思考、联想，这些习惯是多么棒的自我教育和自我推动啊！细致地观察，不仅仅要看事物的表面，更要从各个角度去了解事物的本质，这种习惯的价值谁又能估算出呢？

如果你具有作家罗斯金看待事物的习惯，便能时刻提升自己。他能在看到的任何事物中寻找学习的材料。每次室外散步，每次访问一个国家，看到的每颗星星，每只鸟，每棵树与每丛灌木，对他来说都是有价值的一课。

正是小时候养成的观察习惯赋予了罗斯金作为作家的杰出描写能力。他的父亲，一个酒商，每年夏天都会到全国经商，而他和妈妈便陪伴父亲在马车上旅行。

“他们总是在他父亲的生日，5 月 10 日这个家庭纪念日过后启程，”科林伍德先生在他为罗斯金写的传记中提到，“乘坐简易马车穿过英格兰南部，从西到北，再从东干道回家，从一个省会曲曲折折到另一个，访问每一个郡首府所在地，他的父亲从不落下任何一名顾客或潜在的顾客。生意间隙，他们欣赏每个经过的地方的风景——大学、教堂、画廊、公园、遗址、城堡、洞穴、湖泊和山峰——他们有计划地欣赏每处景物，带着浓厚的兴趣去观察每件事物，访古问今，查阅书籍，做好记录，就好像打算写一本大不列颠指南书和地图册一样。罗斯金刚学会写字，他们就开始这样做了，他模仿父亲记录下旅途日志，父亲的知识留在了他的身上，就这样，善于描写的习惯便养成了。”

成功者与平庸者的区别在于他们是否仅仅看事物的表面，这也是为什么成功者会拥有舒适的生活而平庸的人却过着贫穷、饥饿生活的原因。

从每次经历或机遇中总结经验，从闲暇的时间中找可以自我提升的机会。自力更生，诚实守信，勤俭节约，胸怀抱负，这些习惯构成你良好的性格，建立你完整的家庭。如果年轻时可以养成这些好习惯，那么你的生活定会焕然一新。

如果在自我控制方面受过训练，那么我们将会像说"是"一样容易地说出"不"，这将会带来多么大的不同啊！我们将抵得住任何诱惑；我们将化解种种危机。如果能早点养成自力更生、自我批评和果断决策的习惯，我们的能力将会更强。

如果养成正视生活，永远向着光明，将阴影甩在身后的习惯；如果养成积极向上的性格；如果拥有心地善良、谦恭有礼的美德，而不是愚昧无知和用令人不快、叛逆的想法与行为给自己的大脑套上枷锁。我们的命运将会发生巨大的变化。

如果我们早期都接受过训练养成了良好的习惯，那么社会也将革新。

纽约公立学校的负责人威廉姆·马克斯威尔博士在最近向教师们强调学生养成好习惯的重要性时说道：

"难道我们没有看到养成好习惯的迫切需求吗？难道雇主们没有抱怨我们的学生工作不认真、东西随便乱放吗？我们不是一直在寻找那些能够专心做事并且有始有终的人吗？在国会上持久地辩论‘是否该在十字路口设立百货商店’难道不是在浪费时间吗？这个世界难道满是那些不能努力改掉自己错误的弱小动物？不计其数的失败不正是由于人们不能用正确的方法解决问题吗？比如大学毕业生不能一看到拉丁文就读出来而只能从句子里领会含义，农民不能准确了解作物耕种、施肥和选种的方法，牧师不知道如何解决道德问题，教师不能解决学生的纪律问题，仓库保管员不知如何出货进货……不正是由于缺少自力更生的习惯，社会和政治生活中才有了如此多的罪恶吗？贫民需要公共或私人的慈善，法律系统中的贿赂给纽约的公平之名抹黑，政客们的统治破坏了政治秩序并一直威胁我们的公立学校？

“唯一确定可行并且可以阻止这些罪恶传播的办法就是让那些进入我们学校的孩子们养成道德和品质上良好的习惯。”

如果想让下一代变得更强、更好、更有能力、更优秀，不仅需要从婴儿时期开始培养好习惯，还要在学校里继续下去。

我们的国家，乃至整个世界需要的正是这样的人。我们不想要更多的金钱、财富、名声，我们需要的是更加卓越、更加高尚的公民。将美德、荣誉、诚实、忠诚，所有这些优秀的品质统统融入他们的身体中、意志中，去创造大自然最伟大的作品——完美的男人和女人。

第10讲

有多少重负我们可以承受

微笑着面对自己投下的赌注，无疑，这是英雄。但是，真正的荣耀是遭遇炼狱般的磨难后，获得新生。承担起责任，任凭熊熊的火焰燃遍全身——这才是英雄主义。

——罗伯茨

“探索、抗争、追寻、不舍”，这是竖立在伟大的南极探险队长斯科特和他勇敢的同伴们墓前的碑铭。多动人的一段颂词！它向我们充分展现了勇敢的近乎神奇的南极探险队队员和他们不屈不挠、自我牺牲的精神和坚强的毅力，以及他们取得的人类伟大的成就。这段碑铭对即将出发做自我探索之旅的青年们来说，是多么激励人心啊！

在放弃之前，你会坚持多久？你会在哪里放弃，哪里是你的终点？在生活中，获得成功的大小极大程度地取决于如何去面对种种挫折、批评、指责、中伤与失败。

马克·吐温说过，除了失望他可以抵挡任何事。许多人可以承受很多，却承受不了挫折与失败。当厄运降临到头上，他们的勇气就消失了。挫折使他们变得暗淡无光。看一个人承受失败和挫折的能力是对他性格很好的检验。

当一切顺利时，做好一件事不用费什么脑筋；但是当遇到棘手的事情时，还能积极面对，解决问题，便非同寻常。这是对意志的检验，是对一个人性格及能力的检验。

最近，我与一个人交谈，他的事业被欧洲战争和财政紧张搞垮了。他说他几乎失去了一切，但是幸好他的顽强意志还在，他的决心还在，他决不允许任何困难和灾难将他的生活摧毁。对此，我印象深刻。

决心、耐力、勇气、精神，这些都是成功的主要因素。无论你自认多么杰出，如果缺少这些品质，永远不会赢得生活。

如果一只钟表的主发条变得无力，那么无论其他部件多么完好，也不能带动这个机器，因为它失去了原动力，这只表也就没有用处了。

当一个人的勇气消失了，不管其他的能力多么出色，也无济于事，因为他再也扮演不了决策者的角色。

据说，一名优秀的职业拳击手在被打昏几次后，就会输掉这回合，之后便更容易被击倒。

不久前，我问一个大型机构的经营者，是否会为他曾经的雇员推荐职位，他是这样回答的："不会，我不会推荐。因为他已经失去了在这里做事的勇气。"

一个人如果失去了勇气，所有的运气都会从他身边溜走。没有人会支持他。

纽约的一幢商务大楼上有一条这样的箴言，"当其他人放弃的时候，我们只是休息一会儿。"

哪里是你的极限？一切都取决于这个临界点。每种木材都有它的断裂点。关键是在这一时刻，谁能坚持住，不会断裂。一片柔软的、海绵一样的铁杉不会像云杉那样挺立。云杉不会像桦树、山毛榉或者枫树那样挺拔。而这些树木都不如长在山坡上的橡树坚毅。在造船的季节，工人们常常为船板挑选材料，他们要求硬度、强度最好的木材，因为这样的木材才能抵挡骇人的暴风雨所带来的重压与撞击。用松木和云杉做成的船板在平静的海面上与橡树船板没什么两样，但是在强烈飓风的包围下，情况就截然不同了。

对于你的老板来说，他对你的忍耐极限会很感兴趣。他希望知道你爆发之前能忍耐多久，在艰难的环境中你的信心会保持多久，你会坚持多久。他希望在提升你之前对你的耐力有一个衡量的标准。他知道一名见习水手可以在风平浪静的海面上掌舵，但是面对飓风，只有老练的水手才能与之搏斗，挽救自己的生命。

老板想知道你是一株柔软的松树还是一棵挺拔的橡树。

他想要的是一个面对风暴可以站得稳的人。他需要的是一个面对狂风暴雨毫不退缩的人，一个能够克服困难的人，一个可以跨越障碍的人，一个不会逃跑的人，一个具备胜利品质的人，一个注定可以赢的人。

有些人总是徘徊在成功的边缘，他们中许多人的目标就在眼前，但是他们缺少足够的耐力、坚持和勇气，无法认清自己的雄心壮志。

耐力是对一个人成功能力的一项检验。任何一个普通商人在市场繁荣的阶段都能做赚钱的生意，但是在艰难时期，人人恐慌、资金短缺，只有伟大的商业家才能处变不惊，操纵生意。只有持久的耐心和冷静、清晰的头脑，才能渡过巨大的经济危机。

勇气是连接一个人智力的桥梁，没有了勇气，整个智力结构就会倒塌。任何事都依赖于勇气，它是一个领导者。只有勇气引领方向，其他的能力才能得以施展。缺乏勇气领路，第一步就会软弱无力。

有人说勇气是结果之父，是成功之母。没有勇气的人，虚弱得就像是坏了的卷尺一样耷拉在外面。他也许有公牛般的力量，也许他的头脑聪明绝顶，但是却没有勇气缩回卷尺里、再探出头测量另外的尺寸，他认定自己会躺在架子上慢慢生锈，最后被扔进垃圾筒。

有些人非常专注，似乎他们在世界上投入的全部力气都是为了事业的成功。如果获得成功和升职，说明他们足智多谋，有创造力；但是一旦不幸、厄运、损失或失败来临，影响到事业与受人尊敬的地位时，他们就失去信心，失去勇气。很多这样的人能承受得住个人感情上的伤痛，失去至亲的悲痛，但是事业上的失败却令他们完全丧失勇气。他们认为事业上的成功可以说明自己具有能力和冷静的头脑。自我荣誉感时刻紧绷着。他们对任何影响到自己声望的事都非常敏感。对他们来说，失败或部分失败会将自己排斥在成功的大门外，如同一个印第安人失去了氏族地位一样。

为什么你认为自己的幸福、舒适生活和满足感都是纯粹的偶然？那是你选择了为这样的生活而努力，难道不是你在操纵自己的命运吗？对你来说没有什么事比这更重要，不是吗？你为什么要对着自己的下属黑着脸，灰心丧气，难过、伤感？就是因为你的一个小小失误或者失控的局势，致使你遭到了经济损失？

更重要也更有意义的事是你应该高昂起头，直面整个世界，无论发生什么，不管盈利还是亏损，时刻都要准备获得成功或遭受失败。有一件事世界会赞同你，那就是，作为一个人，你需要被人尊重。有很多事比你赚大钱更重要更伟大，那就是，无论走到哪里，身上都散发着崇高的气息，勇敢地表现自己的力量，这样你就会赢得尊重。如果你的行为受到钦佩，人们不会在乎你是贫穷还是富有。

如果你是受尊敬的，如果你是尽职尽责的，清白坦荡的，而且已经竭尽全力；如果你是诚实、友善、乐于助人的，那么这些你性格中的特点都会显著地表现出来，会令世界对你在生活中的每一件小事都印象深刻。失败，在你人生的历程中，会被单独搁置在一边，根本不算什么。

如果一个人足够伟大，那么他不懂得精明地去计算花钱的这个缺点跟他辉煌的一生相比就显得非常渺小，比起他性格的高贵，人格魅力，这点儿失败在他个人传记里几乎不值得一提。有谁曾经问过林肯贫穷还是富有？世界不会关心他有没有积蓄，他人格的伟大和人品的高尚，会令询问林肯有多少遗产的人感到惭愧。

只有渺小的人，才会感到失去了金钱就等于失去了一切，才会自认好运已逝，霉运当头。如果生命本身是富有的，口袋里或者银行里的东西简直不值得一提。对一个小气、狭隘、吝啬、自私、贪婪的人来说，失去了金钱就是最大的损失。对一个真正具有高尚人格、宽广胸怀的人来说，这没什么大不了。对他们来说，失去了一些舒适、安逸，并不是不可弥补或者举足轻重的事。相比金子般的人格，美妙人生对他们更为重要。

不能仅拿成就来衡量一个人是否成功，衡量成功的标尺还有他在遭遇众多反对、面对阻碍时坚持斗争的勇气，就像亚历山大从失败中学会了战争的艺术。

希腊之神赫尔克里斯的形象是由一个爪子交叉放在下颌

的狮身所代表，表示我们可以征服自己的命运，众神会成为我们的助威者。啊，多么宏伟的目标啊！

人只有真正放弃了自己生活的目标时才会被打倒。一直朝向自己目标努力的人无论他现在是否到达目标，是不会被打倒的。有的人在实现宏伟目标的过程中，慢慢地变得开始可怜自己，抱怨不断，牢骚满腹，到处挑错，试图为自己找借口，这样的人最终会一败涂地。

当一个人开始不断地说起自己多么失败、多么倒霉不幸时，他便已经将自己的脸转向目标的另一边了。多少人能真正地认识到，当他们认为自己一文不名，一事无成时，他们正在放纵自己的灰心丧气、忧郁低落。又有多少人能认识到，认为自己的错误是不可磨灭的这种念头正在产生新的失落，诱导自己停止前进，走向放弃。

坚强的灵魂只会做一件事，那就是无论遭遇怎样的不幸，都会朝着自己的目标前进，绝不左顾右盼，不允许自己被失败或可怕的灾难吓到。

有人说勇敢的战士最害怕自己背对着敌人死亡或者受伤，因为对一名真正的战士而言，背部受伤被认为是一种耻辱。

当你将脸转过去，不再朝向目标；当你灰心丧气；当你谈起自己的遭遇和不幸，我的朋友，你就是背部受了重伤。

在抱怨迭出，勇气溜走，希望渺茫时，坚毅才刚刚开始进入状态。大多数人都具有勇气，但只有真正的勇者现在和未来都永远不会屈服。

一个人如果没有毅力就无法超越自己。这就意味着，留给他的只有失败。你有多勇敢？这是一个很好的问题，你可以每天早上这样问自己："我带上自己的勇气了吗？"这意味着你在问自己，我做好克服困难的决定了吗？即使被打败，无论何时会被打败，也要坚定不移，永不放弃。

毅力是大多数人最缺乏的品质，也是非常难能可贵的一个优点，特别是伴着旁人的指责、评价还能坚持下去。如果一个人缺乏最基本的常识，还一味坚持着，我认为这样的人是在作愚蠢的冒险，这不是我谈到的毅力。毅力和勇气是一对双胞胎，经常跟随积极努力的人。这些人从不抱怨，不找借口，不徒自哀叹；他们从不低头弯腰，他们坚定，充满希望和自信；他们身体里流淌着刚强的血液，拥有大理石般坚硬的脊梁。

我知道有这样的人，他们几乎被夺走了一切：财产、家庭，但是，我很确定，无论发生什么，这些人都会朝向目标，雄心勃勃。我想象不到他们面对挫折会选择放弃。

不久前，一伙人在谈论一个成功的商人，一个人强调说："这个人不可战胜。我曾经亲眼看到他在商战中经历可怕的经济危机，未出售的货物堆积如山，当时他的现金非常短缺，所有的资金都投资到其他项目，几乎不可能从银行贷到一分钱。银行里与他境遇相仿的人垂头丧气地退到墙角，可是我看到他脑袋都不偏一下，一点都没畏缩，没失去勇气。"

现在，世界在寻找像他这样的人，不能被打倒的人；在任何情况下都不会畏首畏尾、失去勇气的人。你可以依赖的就是这种人。试图挫败他们想都不用想。

我曾经在一个大城市看到一家银行的门上写着这样的话："发生在这个银行的任何事都可能在任何银行发生。"

我们喜欢这样的人，面对失败，轻松地报以"让暴风雨来得更猛烈些吧！我不会放弃的！我也许会失去财产、存款、现金或者朋友，但是我的信仰，我的自信，我的毅力将永远属于我！"

南方联盟统帅说过格兰特的成功基于一个事实，就是他从不知自己何时会被打败。

正是这种从不知自己何时会战败的人推动了文明的进步，从霍屯督人到林肯、格兰特，从威灵顿到格莱斯顿。

在现代竞争日益激烈压力重重的环境下，人必须要有耐力——很好的耐力和坚强的毅力。必须要挺直腰板，还必须学会坚强、坚持，不然只会被拥挤的人群抛在一边，像浮木般随波逐流。

明确自己放弃的底线，不要幻想，要确定目标。你永远不会超越自己勇气的极点，因为耐力在左右着你。当勇气、耐力都用尽了，其他的能力也就随之消失。坚定的目标是你的向导。

坚定与否决定你是胜者还是败者。意志坚定的人实现目标，犹豫不决的人惨遭失败。其他人放弃、退出的时候，胜出者只是为再次出发调整呼吸而已。

面对生活中各种悲欢离合时的精神状态可以衡量我们的意志，考验我们的能力。

一个还是孩子的哨兵在法国的一个小镇遇到德国人，德国人问他是否有法国军队埋伏在附近的城镇，并声称如果他不说，就要射死他。这个孩子没有丝毫的退缩，径直走向电线杆，背靠着它，直到步枪向他瞄准。这个男孩不仅没有一点胆怯，在被射中的瞬间他稚嫩的脸上还带着蔑视的微笑。

人们在面对不可避免的事情发生时表现出巨大的不同，面对命运的残忍，要以怎样的精神去面对、去接受？是做胆小的懦夫，还是无畏的英雄？

勇敢的男孩面对自己的命运作出的惊人举动，将永远留在射死他的士兵的脑海中。

最近在墨西哥，一名普通的士兵——塞缪尔·帕克斯的尸体在墨西哥边境被发现，下面是墨西哥陆军中尉对他死亡的报告："帕克斯勇敢地死去，面对熊熊大火，目光坚定刚毅，没有丝毫的畏惧。"

海军准将佩里年仅27岁，之前他从未亲眼看到过海军战役。那天他带着自己仅有的51门大炮、9艘船的小舰队在伊利湖上与英国拥有64门大炮的舰队交战。

早上很早，他升起了自己的旗帜，那面旗帜一整天在奄奄一息的劳伦斯上空飘扬着，上面写着："不要轻言放弃。"

英国人的大炮都对准了率领小型舰队的佩里，几个小时的连续炮轰，他的旗帜燃烧着卷了起来，最后，小舰队共有 22 人死亡，61 人重伤，只有 13 人幸存下来。佩里决不投降。当他的船完全被摧毁，他才拉下战旗，乘着一条小船向尼亚加拉河撤退，边撤边用手枪与英国舰队对射。到了尼亚加拉，他在一封旧信的背面留下了后来作为给哈里森将军的历史性报告："我们遇见了敌人，他们打不垮我们。"

腓特烈大帝年轻时，非常胆小。第一次在战场上，因为非常害怕，他竟逃跑了，留下他忠诚的将士去奋力保住西里西亚省。那场战斗意外取得了胜利。

战斗结束后，人们发现他在一个昏暗的农舍里哭泣得像一个伤心的小孩。"完了，一切都完了，"他抽泣着。"我什么都没有了，所有的一切。我的国家不会原谅我，永别了。"之后，他考虑过自杀。但是哭过之后，他打定主意即使被打败，即使王位受到侮辱也要重返战场。他带上自己的剑，回到了军队，他面色憔悴，士兵们并不知道他刚才所想。他的眼睛因流淌过绝望的泪水而布满血丝。之后，他骁勇善战，尽管只统治 500 万人民，他却将弱小的普鲁士扶上跻身欧洲第一强国的位置。

这个曾经的懦夫，曾经因为害怕，像孩子一样逃走的人，最后成了战争赢家。

最能干的人遇到挫折时，有时也会躲避困难和推卸责任。暂时的低迷和失望让我们对自己产生怀疑，觉得自己很渺小。

但毕竟，生活是有价值的，扮演一个懦夫或逃避责任的人是危险的；如果这样做了，之后我们会觉得丢脸并且惭愧。经历这样时刻的时候，最好先不要迈出重要的一步或者做彻底的改变。

当前方灰暗、无法找到出路时，要暗下决心："我想，现在是时候该我上场了！"咬紧牙关，大步向前，相信黑暗终会过去，无论前方乌云密布，终会有拨云见日的一天。你会惊喜地发现，尽管阻碍重重，自己不顾一切地坚持会使你充满勇气与力量。

勇敢就是胜利，懦弱就是失败。

征服属于你的世界。记住，一切皆效力于勇敢的灵魂。

第 11 讲

诚实乃成功的奠基石

让你内心的“本我”大声地表达吧！

诚实是一种非常宝贵的品质，远比钻石、金子、皇冠甚至王国要珍贵，它是穷人的财富。它可以给人以信任、安全和力量。

品格是基础，它支撑所有的事物，包括传教、诗歌、绘画以及戏剧。没有它，这些东西都将变得一文不值。

——霍兰

一个人如果有雄心被世人铭记，就不要仅仅满足于做优秀的律师、医生、商人、科学家、制片人或者学者，而要在自己的领域中做一名真正伟大的国王。

没有什么比一个人绝对忠实于自己内心的“本我”更值得夸赞的事情了！一个人可能是个天才，也可能是个智力超群的人，但是聪明的才智永远无法与平实、简单、诚实的品格相媲美。

有一种才能，即使地位卑微，但只要忠于友情，忠于生活，忠于自己的职业，忠于生活中与我们相处的人，这样的诚实能弥补一个人其他方面的缺点和不足，带给我们心灵的平静，得到大家的信任。

每个领域里都有一些举足轻重的人，他们凭借自己的能力影响他人。这是因为他们绝不沽名钓誉，有极高的道德标准，他们代表了思想的正确方向。

那些正义的、诚实的、纯净的、真诚的人，那些尽情打开思想和心灵之门的人，他们无所隐藏，无所畏惧，他们才是真正推动世界前进的人。别人能切实感受到他们的力量，主动为其让路。

奉行率直原则的人在任何领域中都是一笔财富，这些品质会彻底贯穿在他的做事原则之中。在自己的职责内踏踏实实做事，所有的人都为与他在同一队伍而感到自豪，每个人都因为有他这个同行而感到高兴。

出于本性，我们对诚实的而且信仰诚实的人充满敬佩之情。人的天性是真诚、正直的，这个我想每个人都深有体会。我们对那些故作姿态、不坦诚和喜欢隐藏的人总是持怀疑态度。我们自然地对那些紧闭心灵之门、只让人们揣测其品格的人，以及那些掩盖自己的某些缺点而博取别人好感的人充满怀疑。

当一个人戴着假面具走错方向的时候，他连自己都不会相信。他们内心深处的“本我”总是不停地说：“你是一个骗子！你总是故作姿态。”不能诚实地、真实地做自己，会使一个人失去力量，摧毁这个人的品格，击毁他的自尊和自信。

当林肯还是一名与贫穷生活做斗争的律师时，处理案件从不颠倒黑白。他说：“我不能这样做。否则，在法庭上辩护的时候我会一直在想：林肯，你是一个骗子，你是一个骗子。我认为我应该忘掉自己，把真相大胆说出来。”

“诚实的亚伯”的外号与林肯后来能成为美国总统有很大的关系。每个认识他的人都非常信任他。人们在他身上看到了一种绝对的真诚，还有绝对诚实和绝对坦诚的做事原则，没有任何东西可以改变他的这个原则。他诚实坚定的信仰给人们注入了信心，任何人对他都坚信不疑。

做事坦诚、光明正大对于年轻人的成长非常有益。真诚最能塑造成功的人格。在开始职业生涯的时候，决心会让你经得起考验；待人诚实、诚恳会让你进步更快。真诚是铸就高贵品格的坚不可摧的奠基石。

如果每个人都能像林肯那样诚实，那么我们的幸福生活会来得更快！如果我们能够有效地处理那些司空见惯的种种骗局，那么我们的生活将变得多么的简单啊！

在这个世界上，凡事总有计划——如果一个人想走得更远或者取得更好的成绩，那么他就需要诚实。因为自然法则都是为了击败谎言、愚蠢和欺骗。正直最终会胜利，诚实终将能胜出。

正直是通过法律的力量体现出来的。当真实说话的时候，世界都在倾听。林肯之所以优于他的同辈而成为一个伟人，是因为他有原则，能用正义支持这个原则，正义的力量使其战无不胜。

我们知道有一些人，他们的正直毋庸置疑。这些人活在诚实中，他们的行为处处可以重现诚实的影子：脸上的微笑，亲切的话语，优雅的动作。他们脚踏实地地走出自己的路，他们浑身散发着正直的光芒。

总结美国海军陆战队总司令休·伦诺克斯·司各特与印度人打交道的成功经验，一位作家这样说道：当需要回答问题或者谈论的时候，他往往告诉听众的是真相。印度人几乎不怎么使用委婉语，如果他们想知道对于一个杀人犯的惩罚，他们宁愿直截了当地说"死"，而不是刻意措辞来缓解不可改变的事实或者坏消息带来的打击。他对印度人诚恳的态度，使自己成为印度人心目中"不会说谎的白人"。

我们通过一个人的信誉度来衡量他是否诚信。有些人是可以绝对信任的，无论何时何地都不会改变，我们从不质疑他们的正直。另外一些人，我们可以与他们共事——但是我们得警惕他们。

很多人对诚实的含义有错误的理解。我们太崇拜金钱了，总是把诚实的含义与金钱以及财产联系到一起。

诚实是一个非常广泛的概念，它意味着你要忠实于你的思想，对待工作尽职尽责，尤其是对待自己以及生活要诚实。它意味着心灵和目的的纯洁，意味着在工作中干劲十足，意味着对每个人都公平、公正。

诚实具有纯粹的属性，不能半真半假。如果你在工作中逃避责任，如果你不真正地履行自己的工作职责，那么你就不是一个真正诚实的人。有很多人虽然从来不骗取老板一分钱，但是一有机会便玩忽职守、逃避责任，这也是欺骗。

很多光顾酒店的人其实是小偷。他们用餐后会拿走这些东西：香皂、毛巾、餐巾甚至是勺子，尤其是只剩下他一个人的时候，更是如此。

一位在奥马哈的朋友曾经向我吹嘘说他们家有各种各样的纪念品，都是他去世界各地旅游时获得的，如小的银器、餐巾或者毛巾。

酒店客房里之所以装饰品比较少的原因之一就是一些人喜欢偷偷摸摸地拿小东西，如小饰物、小表或者浴室用品等。

许多人觉得从阅览室拿走报纸、杂志是理所当然的事情，这在酒吧里尤其明显。畅销的杂志和吸引人的期刊经常消失不见。事实上，当别人看不见的时候他们才把杂志拿走，这本身就证明了他们认为这样做是错误的。

不拿不属于自己的东西，别人不在时也不要拿走你认为可以拿走的东西，要把这作为一种生活原则。如果有权利拿走一件东西，那么在任何人面前，任何时候都可以拿走它。

在你看来，这些事可能不算什么，但是这会伤害到你。要知道，千里之堤，溃于蚁穴。

有多少员工会毫不犹豫地偷公司的时间，如早退、迟到、旷工，老板不在时怠工，甚至对客户敷衍了事，态度恶劣，赶客户走或者不让他们买东西。所有的这些事情都像拿别人的钱一样不诚实。从钱盒子里拿出25美分，或者拿走一些商品，或者不择手段地从老板那里窃取半小时或者一个小时，这些有什么不同吗？不诚实有很多表现方式，言行举止和眼睛都可能会撒谎，甚至在该表达的时候保持沉默也是不诚实的表现。

一个餐馆或者酒店的经营者会因经销商应该付佣金却没给而感到被侮辱了，但是他却对购买送货上门的商品时没有发票、抵押公司去还房贷、没到付款日就发催交单这些事不以为然。

一个轮船公司的采购人，他的家里有各式各样的银器、瓷器和礼物，都是别人在圣诞节时送给他求他买船的。还有大量没有附带账单的燃料，也是向他介绍产品求他购买的。这些东西都是他荣誉毁灭的“熔点”。

许多有钱有势，活跃在宗教圈子里的商人，把他们只是从本土生产的产品宣传为进口商品。他们在处理人与人之间的关系上小心翼翼，但是贴假商标时却从不犹豫，以次充好。

如果走进那些表面看起来诚实的人所工作的营业所，会在那里发现很多谎言。有不少这样的人：他们雇用谎言专家编写骗人的广告愚弄公众，想通过这种欺骗赚取更多的利润。

这些人通过写骗人的广告不知道挣了多少钱，也不知道愚弄了多少可怜的、容易上当的倒霉蛋。他们将种种优点夸大写到药物说明书中，其实这些优点只是他们编造出来的。他们把各种疾病的症状描述得活灵活现，声称他们的药物可以治疗百病，并且把药物疗效说得听起来非常可信，令那些可怜的受害者忽视了生命的自然规律，从银行里取出最后的一点点家底，甚至抵押房子、变卖财产去购买药物。他们受到愚弄，相信这些药物可以缓解他们的痛苦。

不久前，一名肺结核晚期病人向一位著名的肺结核专家咨询。她告诉专家，自己没有钱，请不起专业的医生为她治病。她的病情已经影响到了声带，现在只能低声说话。她的故事非常令人同情：

一家帕特医疗公司向她保证只收取 150 美元就会治愈她的病。她倾家荡产终于筹够了这笔钱，但是连续吃了三个月的药，病情非但没有好转，反而更加恶化。随着疗程的增多，医疗公司“敲诈”走了她最后的一分钱。她来到医疗公司，诉说了自己的经济状况，希望他们可以按照约定继续为她治疗。医疗公司却要求她签署一份已经拟好的保证书，上面写着：她曾经接受过三位著名医生的治疗，都没有治愈。最终，是帕特医疗公司为她治愈了疾病，她现在非常健康。这位女士因为担心自己在世上的时间已经不多，最终拒绝了违背自己的灵魂去说谎。

那位著名的肺结核专家把该女士送进了自己的医院，六周后，女病人辞世了。

有些商界人士会有从众心理，看见同行通过不诚实的手段赚了钱，便效仿。这些人还没有意识到，与同行一起欺诈得到的物质利益最终都会在他们手中变为虚幻。那些不把诚实作为准则的人，无论聚敛了多少财富，捐助过多少大学和科研机构，最终的结局都是失败。

西奥多·罗斯福经常提到率真。被动诚实和主动诚实有很大的区别。数以千计的人是被动诚实而非主动诚实，他们对诚实并不看重。只有当一个人真正诚实时，这点才成为他优秀品格中的一部分。

从来不骗人，从来不干坏事儿，并不是真正意义上的诚实。诚实不是被动的。主动的诚实是人生活中的一种活力，而不仅仅是杜绝做坏事。

罗斯福自己本身就是诚实的代表。他的品格上有某些弱点，可能会犯错误，但是即使最恨他的人也从未控诉过他不诚实。对于罗斯福来说，主动的诚实使他充满活力。

在团队里率直、勤快、绝对真实的人与随波逐流、人云亦云的人有很大的区别。

率直的人比那些纯粹诚实的人更有勇气。

每个人都要力争不仅在别人的眼里是一个诚实的人，而且要努力做到忠实于自己的内心。

为获得名誉而诚实与本质诚实同样有很大的不同。人格属于与生俱来的东西，而名誉属于外在的东西。人格代表的是这个人本身，而名誉是别人的评价。

每个人都应该感到自己的内心有一种东西，这种东西不可贿赂，不可收买，也不可出卖，丢掉任何东西都不可以失去它，如果必要，不惜一切代价也要去换取它。

诚实可以避免恐惧，这点无法用语言来描述。爽快、纯净和率直的人无所畏惧，因为他没有做任何丢人的事情。诚实的人试图把每件事都做到正直、公正。所以，他有什么理由恐惧呢？如果他依据诚实的原则做事，没有任何东西可以伤害到他。

还有一些人，在通常的情况下都很诚实。他们认真工作，按时付账，承诺了别人的事情就去做，一般的诱惑不能动摇他们。但是，当一种特殊情况——绝对“安全”的机会出现时，他们会利用职务之便获得好处，牟取一点私利。

许多人还没有足够的实力轻视金钱，金钱在他们心目中依然重要，因此金钱可以引诱他们。金钱扭曲了许多人。

你有没有发现这种情况：一些人看起来很强大，不会轻易倒下，但是就是这样的人却经常被小利益及看似琐碎的事情所击倒。那些名声扫地的名人开始并不是因为大的欺诈，而是一些小的欺骗使别人失去了对他的信任。“撒一个小谎就可以使我摆脱现在的困境”，一个接受贿赂的人暗自说道，“这仅仅是一点小贿赂，不会有人知道的。当需要的时候，我会把钱还给他们的。”

金属或者说所有的固体，都有一种被称为熔点的属性。当把它们加热到一定程度，它们就会变为液体。这就好比我们检验一个人面对诱惑抵抗的诚实度。有些人在诱惑面前非常诚实，这仅是普通的诚实，在一定“强度”的诱惑面前，他们的诚实会被熔化。

或多或少，我们都为侵犯了诚实这个法则而感到自责。“他们还没有那么不可饶恕”，我们通过这样的方式原谅一些错误行为。我们中有多少人陷于这种“善意的谎言”之中啊，也就是那些我们认为害处不大的欺诈。

正常的情况下，人类思维模式是为说出真相而构建的。在生活中锻炼真实的自己，将诚实融入你的性格中，你将变得更坚定，更强大。

健康和成功追随诚实和坦率而来。真诚在英文中由两个词根组成：sine 和 cere，sine 意为“没有”，cere 意为“杂质”，合起来 sincerity 就是没有杂质，纯洁、透明。

在我们的头脑里有一种东西，因诚实而越发旺盛，能抵制所有的错误和欺骗，没有任何东西能持续如此长久，除了纯粹的真实，它不需要任何修饰，不用渲染。表达真相时，这种思想变得旺盛且膨胀。但是，当被迫表达虚假的事情的时候，就会变得软弱。

伴随谎言活着，这不只是意志的消沉，还代表了你是个弱者。真正强大的思想不需要耍花招，完全可以透明、公开，因为它足够强大，无须任何隐藏。

诚实会产生强大的力量。

美国南北战争时期，当李司令与他的一个军官商讨军队的行动目的地时，一个农村孩子听到了他们的对话：李司令强调他想向盖茨堡进军，而不是哈里斯堡。这个反应敏捷的男孩立即把情况汇报给了科廷州长。州长说：我拿我的右手赌这个男孩告诉我的是真相。一个班长也说：州长，我了解那男孩，他不会说谎的。他的血管里没有一滴会说谎话的血。15分钟以后，北方联军果真进攻了盖茨堡。世界知道了最后的结局。

如果仔细研究一些在公众面前失宠的名人，会发现他们在早期的训练中缺少一种东西，也就是没有遵守道德的原则。他们由于缺少训练，不具有这样的意识：天才的成功都是建立在具有诚实的人格基础之上的。

试验证明，有时候我们所谓的钢铁可能只是软铁或易折的金属，到达一定的拉力，就会弯曲或者折断。同样，一些金属不受各种酸的侵蚀，但是有一种酸除了金子之外别的金属都不能抵抗。

品格就是力量。以诚实的方式做事的人，身上带有一种不可改变的原则。诚实是一个真诚的人的自然表达。

第12讲

忧虑是成功的“杀手”

忧虑是一个诅咒。忧虑通常糟蹋健康，使人筋疲力尽，降低工作效率。

如果你有过不幸的经历，如果你在工作中惨遭失败，如果你被置于一个尴尬的境地，如果你因为失足跌倒而伤了自己，如果你曾经被诽谤和辱骂，忘掉这些吧！这些记忆没有任何可留之处，他们造成的阴影会抢夺你很多快乐的时光。

在一次非常严重的金融危机中，一名很有影响力的西方商人为生意不好而困扰，他感到很恐惧，害怕自己多年经营的事业毁于一旦，害怕再也无法扭转现状。他的忧虑不仅影响了自己，还影响了商业伙伴，他的思想被恐惧的迷雾所包围，重重忧虑使他很快失去了希望和决断能力。

在他最失意的时候，他到纽约参加一个商业会议。有一次，他要打公用电话。站着等待的时候，他的眼睛被电话机旁卡片上的格言吸引住了："当你觉得无路可走，一切都对你不利以至于你看起来再也挺不住的时候，一定不要放弃！你的乾坤即将在此时此地扭转。"

这个人把格言又看了一遍，他被格言的内涵深深吸引了，沮丧立即一扫而光，如同一个咒语被击碎了一般。他重新返回办公室，开始烦琐的工作。这次，他充满力量和勇气，不再忧虑，重新振作起来，制订新的计划和工作，弥补曾经浪费掉的时间，最终挽回了败局。

在电话机旁得到启发的那一刻究竟发生了什么呢？外界的环境没有任何改变。就外在因素而言，这个人面临的问题依然同以前一样。但是，一场巨变已经在他自身内部发生了：忧虑消失了，恐惧被信念驱逐。内心态度的改变最终使其转败为胜。

最近，一个纽约人因为担心自己会破产，最终自杀身亡。报纸上几乎天天报道这种由于担心经济纠纷、担心不能抚养挚爱的亲人，担心疾病或者死亡而导致的自杀事件。因为担心未来困难重重，许多人结束了自己的生命。也有很多人因为陷于欧洲即将战争的忧虑而精神错乱或者自杀。

自从竞争诞生以来，恐惧和忧虑对人们生活造成的毁灭程度甚至比所有的战争带来的毁灭程度还要严重。没有人能够估算出这些毁灭快乐的"杀手"所造成的损失，而且这些"效率的破坏者”仍在我们的生活中继续横行。它们令人心灰意冷，愁容满面，霜染白发；它们削弱活力，毁灭雄心，扼杀勇气，打击希望。

如果能俯瞰一个大城市，看那些所有由于忧虑和害怕不知明天会发生什么事而失眠的人，将会看到多么可怜的景象啊！他们辗转反侧，他们的痛苦几乎要超过了忍耐的限度，在黑夜中担惊受怕地熬过漫漫长夜，同时又害怕面对新的一天。早上醒来时，他们看起来像刚从病床上起来似的，根本不是他们本来应该的那样——活力无限，精力充沛地在繁忙的生活中寻求出路。许多人求助于兴奋剂，或者试图用喝酒吸烟和药物来保证自己精神振作，产生足够的“人造能源”以保证完成必需的工作。然而，他们所有的努力都没能使自己振作起来提高效率。他们的确做完了工作，疲惫地干了一天，回家后仍然忧虑、烦恼，继续失眠和重复前夜痛苦的经历。

这不是一个勇敢的灵魂的做事方式。人是为克服困难而生的，而不是为退缩、被苦难击倒而生。人不是作为忧虑的奴隶而生，不是命中注定作为恐惧的受害者而生。那些任由恐惧摆布的人，那些无法控制住忧虑的人，实际上已经退出了所能控制的生活，把控制这项权利交给了他“思想的敌人”。在生活这场战斗中，已经变成了一个懦夫。

勇气和坚定的信念是恐惧和忧虑的克星。当你烦恼、恐惧，要向忧虑妥协的时候，一定要扪心自问，林肯是怎么处理那些你认为很大的小事的？如果你足够强大，强大到可以克服遇到的麻烦，那么就没有必要忧虑，否则忧虑会越来越重。

忧虑和恐惧是懦弱、无能、缺乏信心的表现，是精神的无能，是一种“精神近视”：即用一种笨拙的方法看待事物，无端放大了失败的阴影，这是一种幻想。

没有任何东西能像忧虑和恐惧那样如此快速地侵袭人的精神和身心，使人筋疲力尽，毫无生气。大脑和肌肉在充满活力和快乐的氛围中才能活跃。

忧虑来源于一个古语，意思是窒息或者扼杀。有人曾说过，消耗在毫无意义的忧虑里的能量如果可以储存并且转化为能量，比如电能或者动能，那么这些能量可以操作世界上所有的机器。

如果能力卓著的华盛顿是一个习惯性的忧虑者，如果他将所有的精力都用在忧虑战争的琐事上，那么历史就不会载有他的英名。世界上多少决定性的战争激发了一个人储存的活力。所有重要的战役都是精神力量在起作用。我们会经常遇到大危机，需要保存力量，积蓄力气，否则必将失去美好的日子。

朋友们，有多少次，在一天的工作中，你发现自己已筋疲力尽？多少不眠之夜让毫无理由的忧虑所折磨？当你最需要一个清醒的大脑解决严峻问题时，你却因为忧虑而难以抉择？我们需要的是抛弃忧虑，完成一天的工作后，高高兴兴地回家，享受高质量的睡眠。

当一个人处于商业危机之中，不能集资并且产品在货架上卖不出去的时候，如果他每天几次去银行申请贷款，但是这对于扭转即将到来的金融危机于事无补，是不是就该暂时放一放呢？你会怎样看待这个人呢？“神经病！”是的，他真是个神经病。但是，你呢，与他并无分别。你将工作中的麻烦带回家，让家人同你一起忧虑。当你将这个麻烦带上床，辗转半宿去琢磨时，情况就更严重了。你整夜无眠，除了失望，浪费体力，大脑混沌，你从忧虑和烦躁中得到什么解决办法了吗？

是的，除了消耗生理和心理上的力量，浪费宝贵的精力，危害事业之外，忧虑、恐惧、烦躁和发怒从来不能帮助人解决任何问题。

如果人们意识到忧虑和恐惧是剧毒，伤害健康，阻碍成功，那么他们会像远离毒药一样拒绝这样的思想。

我们小时候就知道不接触火，不接触沸水，给车让路。总之，避开所有会伤害我们身体的东西。但是在一生中，我们却让忧虑和恐惧毒害我们的思想，伤害我们的精神，让我们感受到更严重的伤害。

伦敦一个著名的医生曾经指出：如果一个神经进入到某组特定的肌肉群或者一个神经中心去管理这组肌肉群，就会扰乱顺序，使肌肉失去紧张感，逐渐失去知觉，这是缺少必需的营养所造成的结果。所以，如果想保持健康和活力，就要摄入足够的营养。任何可以影响大脑细胞、身体供养中心的东西都可以危害健康和生命。忧虑和恐惧会伤害大脑细胞,而且无法修复。它切断了神经营养物质的供应,因此大脑也就无法正常运行整个身体系统的程序。

没有任何天才可以补偿由于忧虑而造成的疲倦、缺乏活力和丧失雄心的损失。

我想,一个人越是忧虑贫穷就越可能赚不到钱。恐惧会让他们在财富面前退缩,恐惧关闭了通向财富的道路。他们非常忧虑明天的不可预测,非常害怕明天没有钱,害怕没有哪怕是基本的花销。这种没有理由的、毫无根据的忧虑是获得成功和快乐的敌人。

担忧即将来临的不幸,担忧会有意外事故,担忧别人对自己的看法,担忧不能完成手中的工作,担忧疾病,所有各种各样的忧虑使我们不快乐,使大多数人的生活变得暗淡。我认识的许多人告诉我他们的各种担忧,真正能享受当下的人是多么少啊!一丝恐惧,一种预兆,一些认为可能要发生的事情摧毁了自己思想的平静,一直暗示并纠缠在其左右。

一般说来,不是担忧现在,而是担忧充满重负的明天才压得我们喘不过气来。因为今天已经给出相应的力量;对于明天,明智的选择是信任,因为它还不属于我们,我们忧虑和抱怨的事情还未来到。大多数使我们沮丧或者缩短生命的事情并没有发生,我们只是想象着这些事情可能会发生:悲伤、损失、失败,担忧它们可能会降临,正是这些忧虑,而不是真正发生的事情吓唬了我们，袭击了我们。回顾逝去的生命，我们想象中的魔鬼有多少变为了现实呢？生活中虽然有许多威胁，但是不管怎样，一条没有想象到的路向我们敞开了。我们以前的忧虑只是浪费精力，使自己提前变老，皱纹爬上脸，腰也弯了下去。想象的麻烦，忧虑的灾难，一个都没有来。有许多次，当一件事看起来已无力扭转乾坤、毫无生机时，却又“柳暗花明又一村”。威胁船只的风暴没有了，太阳比以前照得更亮了。生活又恢复平静了。

如果那些经常忧虑和恐惧的人停下来想想，所有的忧虑和恐惧并没有意义，他们将会为这样的愚蠢而感到耻辱。你曾经问过自己这样的问题吗：将全部精力都放在忧虑和恐惧上是否值得呢？放在一些有意义的事情上是不是更好呢？除了努力工作，用清醒的大脑和最敏锐的判断力去补救之外，我们无力挽救局面时，我们不能挽救局面时，是否值得我们筋疲力尽去忧虑这件事呢？当面临的局势亟待我们用判断力、积极性和热情去挽救时，我们却被痛苦缠绕，降低了自己的判断能力，扼杀了自己的积极性，打击了自己的热情，这些是否值得呢？

如果你已经尽力而为了，那么，就不要再过度忧虑、过度自责。

想一想：当你忧虑时，能把工作做得更好吗？相反，忧虑会消耗你的力量，挫败你的活力，而且当你需要力量和活力的时候，却发现自己已经处于崩溃的边缘。

当开始意识到伟大、创新、持续的力量时，生活会向我们展现它的另一面：没有时间忧虑，没有理由害怕。当我们摆脱忧虑的纠缠时，生活将变得更加高效、和谐、安宁、快乐！

第13讲

成功犹如兴奋剂

成功犹如一剂具有强大功效的兴奋剂。成功的次数越多，“兴奋剂”的功效越强。我们的能力、长处都是由成功叠加而成的。反之，这种功效也会因为屡次失败而消失殆尽。凡是能够增强信心的东西都可以增长能力；反之则削弱能力。

一位曾经在拿破仑部队服过役的著名外科医生说：经过三天三夜的恶战而最终取得胜利后，法国士兵的士气高涨，胜利的决心更为强烈，士兵们斗志昂扬，根本感受不到疼痛、饥饿、疲惫，甚至感受不到致命的创伤。

在人们的心目中，成功带来的效应更能调整良好的心态。成功是已知的最强效的兴奋剂。它使我们的长处倍增，立志攀越更高峰。它激励我们发展能力和资源。每一次成功都可以使我们更加自信，恢复勇气，同时增强能力。每一次成功，都可以让我们感觉到自身更加强大。自身强大，在世界上具有影响力，在领域内举足轻重，还有什么能比这种感觉更令人满意呢？

事实就是，一个人如果被选为高管，可以激发他的勇气，巩固他内在的创造力，促使其付诸行动，鼓起勇气、发挥创造力，把事情做得更好，证明自己名副其实。

伍德罗·威尔逊因为成功竞选为美国总统而发生的巨大变化就是一个很好的例子。从普林斯顿大学退休不久后，他便竞选成为新泽西州的州长。很明显，威尔逊先生因对未来的不可预测而心情波动，他当时还怀疑自己是否有能力为自己的家庭提供更多的财富，于是申请了卡耐基财团的“教授退休金”。然而，突然并且非常意外地当选为美国总统使他之前的忧虑和恐慌一扫而光。对于未来的自信和确定，持续胜利的信心迅速取代了怀疑与担忧。

毫无疑问，相比成为总统之前，伍德罗·威尔逊的能力大大提高了——这都是持续的进步造就的。如果不是成功的激励，他或许会一直默默无闻。成为普林斯顿大学的校长使他强大起来，激励他进步；竞选为新泽西州州长进一步使他强大，而且激发了他的新的能力；当选为总统、入主白宫，激发了他所有潜在的长处，在世界历史发展的关键时刻，这个人完全具有总统这个伟大的职责所要求的一切能力。

当选为总统提升了威尔逊先生的自信，增长了他的能力。他意识到，世界上所有的目光都聚焦在他身上。人们期待在他身上发生奇迹。这些都是巨大的动力，是调动他能力的刺激物。自从当了总统以后，他或许上千次地对自己这样说："伍德罗·威尔逊，全世界的眼光都聚焦在你身上，你必须好好表现。任何情况都不能表现胆怯，缩手缩脚，愚昧无知。你必须时时像个圣人一样保持冷静的头脑。你的判断必须安全可靠。你必须自我感觉良好。标准必须时时执行，雄心必须刻刻具备。你必须珍惜爱护自己的职位。在任何场合下，当外物诱使你改变原则、变得懦弱、逃避责任时，必须牢记自己的职责，从现在开始，伙计，你必须前进，前进，再前进。"

当时，欧战的硝烟还在持续。他，是千百万人民的关注点，这足以让他头脑兴奋。如果每个人都有足够激起自己振奋的信念，释放自己的潜力，做自己能做的任何事情，这对于人类来说将是多么美妙啊！那时，世界将会发展得多么快啊！会发现多少从来没有梦想到的资源啊！勇气，进步和快乐都会对胜利产生巨大的影响。

工作、生活中的每一次胜利都会增强我们的能力，挖掘新的潜力。因为成功给了我们更多的自信，它激励我们完成下一个更艰巨的任务。如果没有之前的胜利，这看起来似乎不太可能。加利福尼亚"幸运的鲍德温"之后的成功都是由于他最初取得成功所带来的自信。自己天生就是个幸运儿的念头使他勇气大增，最终取得了一个又一个胜利。

军事战略家非常了解失败和胜利对士兵产生的巨大心理作用。他们明白，惨烈的失败会让他们失去斗志；另一方面，即使是一支疲惫至极、气馁绝望的军队，胜利也可以注入他们新的生命、力量和勇气。战略家们认为这种振奋的作用犹如提供众多支援部队一样有效。

在将德国士兵赶出法国的“大门”以及接下来从马恩发生的进攻和撤退的艰苦卓绝的斗争中，以上事实得到了充分的验证。胜利时，士兵士气高涨，体力耐力大大增强；在即将成功的推进行动中，即使供给缺乏，睡眠不足，他们依然表现英勇；相反，在撤退时，即使供给充足，睡眠充裕，士兵依然士气低落。换句话说，胜利对精神的影响及促进成功的振奋作用是不可估量的。

军医说，战败部队中，受伤的士兵比胜利部队中受伤的士兵死亡率要高很多。希望、快乐、期待的感觉增强了身体的抵抗能力和忍耐力。失败的部队向痛苦低头，在疾病的侵扰、伤寒的肆虐、痢疾或其他症状面前不堪一击。那些产生以上任何一种疾病的细菌更容易在消极和胆怯的人身上滋生，因为身体和思想会产生交感。失败的想法让人心情沮丧，精神萎靡。

在声势浩大的欧战中，君王曾经不止一次收回战败将军的指挥权，多数情况下，不是因为这些将军们的能力不如接替他们的人，而是因为他们的失败对军队造成的恶劣影响。遭遇多次的失败后，再伟大的将军也会士气大跌。毫无疑问，士兵们会对“常败将军”失去信心。一个新继任的将军，即使能力不如前任，但在被打败之前，也会对军队产生强大的影响力。

拿破仑在战场上的出现犹如为军队增加了百万雄师，他那无可匹敌的热情点燃了军队的激情。德军的凯泽·威廉知道，自己在前线的出现将会给军队胜利带来巨大动力。独立战争时期，有很多次，华盛顿的出现使战况转败为胜。士兵们对他们将领的信任使其产生勇气和热情，让他们感觉到自己就是胜利者！

无论是战争年代还是和平年代，成功更易使人们产生处理事务的动力。我们都知道，成功地完成一个任务——哪怕只是一个小小的胜利，都能让我们感到振奋、激动，更加相信自己的能力。一个能力相对稍差，但是有幸持续进步、一直不败的人，比那些能力和他们不相上下，但是胆小，因多次失败而变得气馁的人更能担当大任。

成功的效力同兴奋剂一样，可以使人产生令人惊奇的创造力。根据精神磁性的法则，一个成功会带动另一个成功的出现。成功越多，越能成功。当所有的事情看似都对我们有利的时候，我们便很愿意坚持，愿意为之努力。于是我们轻易就可以获得快乐、希望和勇气。我们可以勇敢地做事，精神振奋且充满热情。当处于成功的巅峰时，进步的意识，成功的欲望会激发人的自然天性。那时我们可以化烦琐为愉快，使能力发挥到极致。

当处于沮丧与失败的氛围；当周围的环境抑制成长，贫穷不堪，看似处处都不利于成功；当前方如此黑暗看不清道路；当最起码的希望都已失去，那么，需要的就是最优秀的品质，保持勇气，奋力向前。当遭遇苦难和悲伤时，当面临时光的流逝、担心前途暗淡时，一定要保持一颗坚强的心，不要担心脚步缓慢，这其实就是一种快速的前进。

这些情况都在考验我们的忍耐力、毅力和勇气。在失败面前，我们真正的所作所为才是品格的试金石。事实上，成功曾经多次让人们清醒地了解到自己更大的潜力——这些潜力让他们感到出乎意料。无论经历多少次失败，都应该鼓励自己继续前行。如果我们自我鼓励，坚持前进，我们必将胜利。

有许多忠诚、高贵的人，在诸事都对他不利之前，在大多数人都在为之奋斗的东西被剥夺之前，并没发现自己巨大的潜力。

失败的人，如果能在情况发生逆转后重新鼓起勇气，他们最终会再站起来的。

第一次获胜往往能增长、给予及隐藏能量，激发出更多的能力。第二次获胜会带来更多，直到一个人认识到自己原来有无限的潜力。胜利一次，勇气增加一次，潜力展示一次，于是便有勇气做更艰巨的事情，能力也由此不断增长。

成功带来的刺激作用在西奥多・罗斯福的事业中得到了充分的体现。罗斯福的每一次进步：从哈佛大学毕业，到进入纽约立法机关；从坐上纽约的警察局委员的宝座，到纽约的州长、海军副秘书长、副总统，以至美国的总统，都展示了其能力的壮大，力量的增强。每一次进步都为以后的强大奠定了基础。他的勇气、热情、谨慎都在进步，督促他勇敢地前进。

成功的驱动作用适用于各行各业。以一个女孩为例，她认为自己很有音乐天赋，多年来不顾父母和朋友的反对，一直与贫困做斗争，即使在困难的情况下依然奋斗不息。当因为屡次受挫几乎要放弃时，却在当地的音乐会上一举成名！这种振奋效果是瞬间产生的，当掌声响起的时候，她信心倍增，充满斗志，最终获得了成功。在通往音乐殿堂的道路上，每一次微不足道的胜利都带给了她勇气，鼓励她继续前进。

亨利·福特给员工涨工资的行为激发起每一位员工的雄心、激情和热情。每一位平凡的、从未展示过自己非同寻常的雄心和能力的工人，在新的希望面前，在生活可能诞生奇迹面前，精神都为之大振。

我认识一个出版商，多年来一直运气不佳。他创办的几个公司都破产了。这个人能力很强，但是总是由于诸多原因事业不顺。当他连一份报纸也买不起、只能通过唱歌得到一些钱时，他心灰意冷。他下定决心，这是最后一次冒险。他全力以赴投入到报纸运营中去——用尽所有的勇气和力气。当然，结果他成功了！事实上，成功是如此完美，如此之快，以至于他相信在那条道路上还可以完成很多事情。资金有了，胆量也变大了！他接着开始从事别的出版物，现在他成功地拥有很多报纸和杂志。

历尽多年失败的消极影响，一个人依然勇气十足，这是很不容易的。暂时性的气馁不算什么，但是如果放弃奋斗，问题将变得严重。一个人只要不放下武器，就永远不会被打倒。无论是谁，在情况发生逆转时依然奋斗不止，就永远也不会被打倒。

美国的废奴运动中，许多原本激情洋溢的倡导者，揣着崇高理想的人，在经历了一段时间可怕的挫折后，开始气馁并选择了放弃。他们无法再忍受嘲笑、反对、污辱、恐吓和身体上的暴力、监禁与威胁。但是，也涌现出温德尔·菲利普斯和威廉·劳埃德·加里森这样的人，他们站出来反抗敌人残酷的侮辱，用身体抵挡骚乱和掷来的鸡蛋，抵御关押和凶器的伤害，涌现出来自英格兰的亨利·伍德·比彻这样的人站起来支持废除奴隶制及支持反对奴隶制的群众。南北战争早期，能够获得一个在公众面前表达自己心声的机会如同一个人的生命一样宝贵。但是比彻并不把疯狂的反对者看在眼里，他怎会在乎那些暴徒的嘲笑、嘘声、狂乱和愤怒的人群呢？他毫不妥协地站在他们前面。暴徒们无法使他闭嘴，也打不倒他，整整三个小时，他站在满是奴隶制支持者的大厅里，面对着想阻止他说话，想将他赶下讲台的疯狂的人群，坚定地站在那里，表情刚毅，无所畏惧，像真理一样无法摧毁，直至那些施刑者被迫听他演讲。比彻离开讲台之前，原本企图奋力阻止他演讲的人也离开了大厅。

“天生我材必有用”，还有比一个人生来就是为了光辉的事业，为了完成伟大的使命更令人振奋、令人心潮澎湃的事情吗？

国王的代表——驻华盛顿的外国使节们，因自己的使命而感到自豪。他们代表了自己的国家和统治者的尊严。在充满微笑和肯定的氛围中，被伟大人物和权威支持，被伟大的国家支持，处处显示了他们的优越感。他们因为被赋予的权利而感到更强大，更有力量——就如同威尔逊当选总统时感受到的力量一样。

一个人可以认为自己是万能的使者，被上帝派来执行特殊的使命，国王会委托你执行神圣的任务，派你完成世界上最伟大的计划。这种想法会大大提升你的自信心，赋予你巨大的能量。被赋予神圣的任务让人目标明确，心态平和，身心平衡，是促使一个人持续前进的动力！

如果想战胜生活，证明你作为使者的价值，如果意识到自尊的重要，你必须保持高贵的思想，必须意识到自己的伟大。这会帮助你击溃失败与气馁，增添继续战斗的力量和勇气——即使与超人对决也毫不畏惧，直至达到目标。

“你可以更强大，更伟大！”没有比这样的提醒更宝贵的成功兴奋剂了。每个人内心深处都有一个比人类进化至今更巨大、更强壮的东西，有一个比你完成所有事情更宏大的可能性。只有引爆你的潜力，发挥你内在所有的长处，你才知道自己能做什么。人类力量的极限还远远没有达到，人类有着巨大的能量！

第14讲

大学教育为你前程铺路

教育就是切割、打磨一颗粗糙钻石的过程。

教育确实能给予我们一种自我挖掘的快乐体验吗？它是一块可以揭开人们潜在价值的大陆吗？

教育，能否调动一个人的激情，带给人振奋的成长过程，给人无法言语的满足感？

每年都有成千上万的学生以各种方式提出这个问题：我该不该去上大学？大学值得念吗？我负担得起学费吗？年轻人经常会询问我的建议，让我回答他们提出的问题。最近我收到两封具有代表性的信，这两封信代表了即将读大学的两个男孩的类型：一个是父母为他付学费，另一个是必须靠打工赚钱的方式为自己付学费。

第一封信来自纽约的一个男孩，信中他这样写道：“父母希望我上大学，但是我希望可以去找一份工作，想高中毕业就进入商界，成为一个商人而不是律师、医生或与这类似的任何职业，所以我看不出有什么好的学校教育是我想要的。关于这个问题，我的家人让我写信给您。”

另一封信来自乡村的一个男孩，他说：“我是一个农民的儿子，我想成为一名律师。我很健壮，但是父母负担不起我上大学的费用。我读过许多关于男孩用打工的方式来完成学业的故事。但是父母认为，这多数都是编出来的故事而已。他们认为像我这样的人采取故事里的方式几乎不可能。希望您可以告诉我您的看法。”

当我还是一个可怜的穷孩子的时候，用自己的方式完成了高中和大学学业，毕业后有了各种各样的经历。以我个人的观点，我可以毫不犹豫地说，那些经历可以使一个人得到他们想要的东西。生活中没有什么比学业和教育更值得支付，就算必须努力和付出牺牲。

但是，是否每个人都必须去学校，这个问题很难回答。

数以千计的高校毕业生也正在学校里斟酌这个伟大的生存问题。但是不管怎样，他们会继续完成大学教育。对于高等教育，流行很多种看法，因此，各式各样的劝告也就出现在寻找答案的人们面前。你会发现，一些人轻蔑地谈论关于“学校的失败”和“书本知识的愚昧”，而另一些人则在夸耀那些在高等学府里保持最高分记录的成功人士。

另一方面，你会发现一些人夸大了学校教育的价值和重要性。例如，有人声称除非花费四年或更多的时间在学院或大学里，否则没有人可以拥有增值的生命。还有人引用统计数字来说明受过高等教育的人具有更多成功的机会。

这些说得都很好，因此，要小心地看待这些问题。要从多方面去分析，既不小看也不夸大教育的重要性。

事实上，有人真的被他们的大学课程所伤害。他们成了学院里不切实际的理论家，他们学到的书本知识已经成为一种阻碍，而不是竞争激烈的生存环境中的帮手。

另一方面，成千上万的人，甚至成功人士哀叹缺少大学教育，这也是事实。无论在何处你都会遇到这样的人。他们在青春的时候，由于这样或那样的原因无法念完大学，感到缺乏教育对他们的一生来说是一种缺陷。

林肯是一个自学成才的人，但是他终身遗憾的是从来没有机会去念大学。他觉得自己缺乏只有大学课程才能带给他的广博文化知识。第一次就职典礼去华盛顿的路上，经过罗格斯学院时，林肯指着它大声喊道："啊！这就是我一直遗憾的事——对大学教育的渴望，那些拥有它的人真应该感谢上帝！"

约翰·文森特主教，肖托夸湖畔的发现者，对于自己缺少的大学教育如是说："这一直是我的心病。我通过演讲、写文章、言传身教教育我的儿子，对于肖托夸村的服务，多年来我一直投入精力到高等教育事业。"

昌西·迪皮尤先生说:“我很幸运,这么多年来在很多企业中担任律师、法律顾问和生意合伙人,使我有幸与数百个不同的人有过私下的接触。这些人没有受过任何培训和教育,却已积累了数百万美元资产。但是他们中没有一个人不悲叹,由于父母的忽视或是由于自己可怜的命运,以至于不能接受教育;没有任何一个人在有教养的人面前不感觉到羞辱,因为他们知道知识是无法用金钱买到的。他们全都希望孩子能接受良好的教育,不让自己的孩子因得不到教育而感到遗憾。”

为了蝇头小利,许多少年在刚刚获得一个教育机会时,便离开了学校,走进商场或办公室,这严重地威胁到他取得更大成功的机会。

最近,一座大城市里举行的一个盛大活动中,我与一个商人有过交流。这个商人穿着得体,生活富裕,但就是这样一个人,每次开口说话便露了馅。除了他的生意以外,几乎说的每件事都证明他过分的无知。他的信息非常有限,就算与他交谈现今流行的一些话题也是非常痛苦的一件事。一个人能在大城市做生意,但却对自己狭窄范围外的事情一无所知,这看起来似乎是一件不可能的事。

考虑是否接受大学教育的问题时,记住,无论在物质上多么富有,无论积累了多少金钱,只有最大的财富,唯一真正的财富——精神财富才能永远跟随你。它不在财产里,不是土地或房产,不在房子、家具和衣服里,这是你最大的财富,最宝贵的财产。

前些时候，有人在南非发现了一颗重达271克拉的钻石。据说，加工以后这个钻石将价值几百万美元。但是，是谁赋予了这个未经加工的钻石的价值？假设钻石从来没有被切割过，或钻石的主人仅仅坚持打磨出一到两个面，仅让它足够露出光亮石头的品质，却不足以散发出丰富的色泽，露出它美丽的外表，那么还会有人愿意为它去支付巨额金钱吗？还会有人愿意去关注这块石头吗？

教育就是切割和打磨一颗钻石的过程，目前受的教育正在打磨你思想的各个方面，让它拥有更高的亮度，获得更大的价值。这一过程中，你走得越远，受教育的层面越广，释放出的能量就越大。

对于是否愿意支付大学费用这个问题，很大程度上取决于咨询者的抱负。你想像许多人那样尽可能获得更多的知识，还是只想获得更多的金钱？

接受教育的目的是多重性的，是为了生命的塑造和生活的改善。然而，最终的目的是让一个人能够塑造自己的生命，能够过上富足而充裕的精神生活，接受大学教育也是为年轻人谋生提供锻炼的机会。

作为一个运动员，锻炼肌肉是为了使动作更迅速更准确，更自然地作出反应。同样，四年的大学课程也训练一个人的心智和思维，加快推理过程，提高并强化人各方面的能力，使他可以更好地作出反应。

已故伟大的耶鲁大学校长蒂莫西·德怀特说过:"一所大学不可缺少的一项工作就是提升学生思想的力量。"他接受学生们的思想从开发到成熟的过程——正如他从少年时期进入到成年时代,从一个懵懂少年成长为一个思维缜密、思想丰富的教育家的过程。四年的大学教育使他在这方面突飞猛进。年少时期是培养思维最好的阶段,这时智力也在帮助他培养出一个广阔的思维。结果是,无论何时蒂莫西·德怀特都可以轻易地将思维转向另一个工作。这点我们有目共睹。思维的培养是大学里应该完成的功课,学校的目标就是鼓励年轻人在课程结束时充分表达自己的观点——事实上,一个人只有在刚刚成年时才能接受到这样的教育,在这之后的若干年里将没有机会再接受这样的训练。大学教育是一个为你前程铺路的过程。

"毫无疑问,"弗朗西斯·巴顿医生说,"在其他条件相同的情况下,学校培训一个人为生活中的大事所做准备的经验要比任何家庭和企业更多。学校带给他们广阔的视野,让他们看到事情相互之间的联系,让他们懂得没有任何一件事可以单独存在。"

受过良好教育的人比没有受过教育的人更知道如何去聚集自己的能力。他们被训练如何集中精力,他们的思想时刻保持严谨,当遇到困难时会更加坚持不懈地努力,直到问题被解决。

有人曾经说过，一个真正受过教育的人，心智就像蒸汽或电力一样，尽管不适合管理某个机器，却可以适应所有的机器。

人们所认可的心智能力往往是通过大学教育获得的。是否高等教育适合每个人？也许高等教育正在不断地去适应所有的人。教育会加倍偿还接受教育者所付出的时间和劳动。

也许，“最有价值的结果是教育，”赫胥黎说，“不管你喜不喜欢这种说法，只有具备能力的人才可以做自己应该去做并且必须完成的事。这是人生第一课就该学会的东西。如果一个人很早就开始接受教育，或许到了最后就会自己学透。”教育使你懂得遵守规则，让你了解勇气和决策的特质，帮助你养成勤奋、规律、守时、坚持、耐心和自我反省的好习惯，塑造你良好的品德和一个健康、自重的心理。

年轻人经常问：“如果接受教育，就会成为商人，药师或农场主等等吗？”

这里有一些这类问题的相关答案：

银行家哈维·菲斯克在一篇题为《大学教育对一个商人的价值》的文章里说：“如果一个人想成为一名小职员或是小商贩的话，他的父母便可以给予他最好的初等教育。

“一个年轻人在他早期的职业生涯中，不会清楚地认识到错过的受教育的机会带给他的损失。假如他 17 岁时就进入办公室或商场的话，21 岁的时候，他会觉得自己拥有的业务能力比同龄人更强。但是五到十年以后，就像他的朋友在四年前开始时一样，受过大学教育的人会更容易找到工作，对自己更加充满信心，会获得更多的成功。拥有大学教育的经历会增强一个人的能力，能够使他正确地使用它们，并伴随其度过一生。”

耶鲁大学校长哈德利曾经说过：“当今，各行各业对大学毕业生都有不同的需求，要求如此之多，以至于我们的大学生已经不能满足它们。在近几年的商业扩充中，这种事时常发生。如果对比商业的繁荣时期和萧条时期，便会发现原始投资的价值要远远大于当前产品的价值。接受一次大学教育，需要投资 2 000—10 000 美元不等，其价值几乎跟汽艇或炼钢熔炉的价值一样。当有需求的时候，人们便觉得自己获得了最大价值。当没有特别的需要，人人都在购买现有的商品，他便会觉得投资在这上面的金钱没起什么作用。

“我认为商务专业和政治专业大学毕业生的增多，提高了公共服务和公共生活的标准。我想，可以认为这是政治改革的结果，而不是其他什么原因。新的政治问题在国内和国外是一样需要人们的观察及改善的，需要正在接受教育的下一代官员们去解决。”

康奈尔大学校长舒尔曼说：“现在，对于受过高等教育的学生的需求呈增长的趋势。”

然而受过教育的商业人士中，只有一小部分人在商场中占据重要的地位，但这个比率在逐渐增长，这表示更多的人准备在自己的职业生涯中接受教育。同样，值得注意的是学校里正在越来越多地设置实践考试，引入商业课程到教学中。

知识是一把神秘的钥匙，它可以开启一个人成功的大门。你应该抓住更多、更完整的教育机会为你所用。

文明变得如此复杂，知识有限、狭隘、愚昧无知的人比起学识广博、胸怀宽大、多才多艺的人的机会简直少得可怜。世界从没像今天这样倡导普及教育。

不管你是当一个鞋匠、农民、国会议员还是商业人士，这一生你想做什么并不是最重要的。无论在任何领域，都应该敞开教育的大门。

一个人因为选择了农学专业，就应该排斥其他科学、文学和艺术吗？城市生活对他而言也许不重要，那么就这点而论，他就不应该去接受文化教育吗？难道他唯一应该谈论的事情就是牲畜、耕作和收割吗？

解开植物生长的秘密，了解土壤的神奇化学魔力，熟悉农作物在大自然的发展规律对农民来说难道没有意义吗？阅读农作物知识手册对他来说不重要吗？对一个农民来说，不值得知道原来彩虹不是上帝创造的秘密吗？了解农场的另一面原来是美丽的风景，这不是很好吗？懂得了风也会影响作物的生长及分辨云雀和夜莺的歌声不是很美的事情吗？

开放教育，即使对一个农民而言，也会给他单调的生活带来乐趣。不仅这样，开放教育使许多农民从他十分之一的土壤中获得更好的收成，相比那些无知的农民更容易获得丰收。

同样，一个孩子通过大学教育学到了农业和化学知识，通过研究气候条件对农作物所产生的影响而精心研制出非凡的种植方法。受过教育的人可以通过他们出众的专业知识带来更完美的水果、蔬菜和谷类食物，可以使农学走向更专业的领域。

这里并没有不诚实和不谦逊的说法。比如，机械工程师看铁或钢的图纸就比一个不懂得钢铁化学合成的人看到的价值大得多。工程师们的思想价值在条形分子学上，他知道钢铁的分子运动，而没有学过的人则只是看到了自己并不感兴趣的一个铁块。前者了解金属的力学规则、吸引力、相互作用力和性能，这也是他们感兴趣的内容。而后者不了解它的化学性质、分子自然规律，所以显得茫然。

斯宾塞先生说："完整的生活都是教育的功劳。"就算接受教育是生活中的苦差事，但是它让我们从中看到荣耀，让我们从中获得知识而不至于变得平庸，使我们拥有不平凡的人生，带给我们更丰厚的硕果。

许多人走进大学时的抱负就是致富，但是经过四年或更长时间的学习，精神视野变宽，能力得到拓展，便萌生出新的希望。希望会给一个人带来更多的东西，美好的憧憬帮助他面对生活的压力。接受教育之前，思想得不到扩充，梦想很难实现。

大学是人生的转折点，如果真的要写成书的话，它读起来就是一本浪漫的故事。很多低级庸俗的目标让位于高品位的抱负。用自己的能力赚到一点点报酬的时候，你才能体味到大学教育的价值。

大学教育，如果年轻的你忠诚地去追求它，便会有无限可能，得到充分的发展空间。有的人在接受教育的时候，可能做梦也不会想到它的价值有如此之大。原因很简单，那就是他之前从来没有经历过任何教育。

一些伟大的法官、律师、医生，甚至最杰出的作家在接受教育之前，并没有什么特殊的才能，他们都是后来才取得成功的。

“四年的大学教育，”布朗大学的校长方斯说，“具有跟随一个人 40 年的价值，一个人可以随时享受它。”

马丁·布伦博教授说：“对比教育来说，没有什么牺牲是昂贵的。教育会给年轻人一次完整的生活经历。在乡下，遗憾的是人们的生活因没有受到教育而得不到任何改善。生活中最欢乐的事就是有条不紊地成长。”

的确，布伦博教授是正确的。教育并不仅仅是为了谋生，而是为了更好地生活。只因为不喜欢某一个专业而放弃整个具有价值的大学教育，这是没有道理的，就如同人们不会放弃一块有丰富矿藏但尚未开发的大陆一样。

哪些事情是生活中最有价值的？金钱或者一个人带给家庭的物质？气概、良好的心绪，广泛开放的文化？还是宽阔的胸襟，广博的知识与宽容、忍耐？

在一个人的成长中，还有什么比教育、文化更重要的投资？

一个人通过某方面的教育提高了自己的能力，他还需要在同种职业中绞尽脑汁吗？

作为一个女孩或者农民的妻子，对她们来说教育就一文不值了吗？教育若是一文不值，那么她可能会带给家庭和孩子文化气息吗？教育的价值还能够进入到家庭和社区里面吗？

你认为对孩子的思维、阅读能力和沟通能力的培养与你留给他们那些少许的美元具有一样的价值吗？

有什么比世界上都是有教养的人与宽广、深邃的灵魂更有价值？

许多没有受过教育的人不能使国家或自己的家乡变得更好。

金钱不是最高的价值衡量，开放、进步的思想是不能用金钱来衡量的。

一个仅接受过少许教育的人就如同一段不和谐的音乐，他的可开发价值屈指可数。

发展是人类伟大的生存规律，我们没有理由埋葬自己的天赋。发展是一种责任，深深刻在人类的脑海中。无论做什么，我们都要朝着发展的方向培养自己的能力。

没有什么比发展教育更有利于整个社会。教育对一个人的事业、大脑的培养、灵魂的净化和生命的路程起到领航的作用。无论走到哪里，不需要给人看你的银行账户或财产清单，他们所能看到的就是你这个人，你的性格魅力。他们能在你的眼睛里读到你的财产清单，你的每一次胜利证明了你所在的高度。你浑身都折射出你的自信与信念，这才是真正教育的力量。

本章不会全面去谈论两个篇首提出的问题——我该选择大学吗？我可以负担得起大学的费用吗？

第一个问题：大学遍及美国数百个地方，很难抉择选哪所高校，选择城市学院、高等学院还是附近社区的学院？这基本是私人喜好和品味的问题。应该去了解某些城市、国家教育和大学的优势与不利之处。

农村大学往往少了许多城市方面的诱惑，这有利于健康的发展。另一方面，城市级别的学院和大学也有很多优势，特别是对于一个乡下长大的孩子而言。教授的声誉，学校的传统、历史，在某些情况下，数百年来培育的团队和提供的鼓励是无价的。

通常一个学生在一所社区学院会有更多的自由，可以去做礼拜或消遣。较小的学院个人自主权比较少。当然，较大的自由度也需要更大的责任感，有时候对于年轻人来说很危险，因为他们还没有学会自我控制。另一方面，自力更生、独立自主的个性会得到更大的发展空间，学生拥有众多的资源当中，这也是一个巨大的优势。再者，在无限的资源中学会自我监督，这也是一个有利条件。在他们的生命中，尽早锻炼独立的个性比不断受到约束和监督更好一些。

参加讲座，自我培养，自我锻炼，这些机会在大城市中可以获得。去图书馆，参观博物馆，游览名胜古迹，感觉生命与人类的伟大成就，这些都是在塑造学生的未来。一个城市有许多有利条件可以让学生在娱乐之中享受教育。

这些都可以平衡许多事物对学生的诱惑，给予他们坚强的意志力和成熟的品质。城市生活的充实对学生的所见与感知有着不可估量的价值，也许这是它最大的魅力。

第二个问题：我可以负担得起大学的费用吗？我可以回答得比第一个问题更明确。是的，你可以。不仅因为我完成了，而且因为我知道许多学生在毕业后挣够了念大学的全部费用。

一个年轻人如果打算用打工的方式支付学费就必须确定自己的勇气和决心，必须要忍受一些苦难和放弃一些不太重要但很愉快的大学生活。然而，毫无疑问，对一个健康、有毅力的人来说，他是可以赚到学费的，就像其他可以念完大学的孩子一样。

如果对自己的整个教育阶段做一个规划，在假期而不是学习期间去赚取收入，会得到更多。许多学生浪费大部分的课余时间去工作，没有时间参加俱乐部、辩论赛、实验和其他社团活动，这不仅失去了户外的消遣，也失去了与同学们相处的愉快时光。

值得注意的是，那些规模较大的大学会提供很多工作机会给学生。举个例子，哈佛大学的5 000名学生里，超过500名的贫困学生几乎完全依赖于他们自己打工的收入。那些有能力做新闻采访工作或家教的学生每年可以赚到700—1 000美元，这笔钱对他们来说无疑是一笔额外的收入，有特殊才能的学生则可以赚得更多。

艾伯特·贝弗里奇进入大学的时候带着向朋友借来的不到5 000美元，还有他在俱乐部打工赚到的50美元一起作为原始资金。夏天来了，他去收割农作物，还打破了小麦收割纪录。他全天带着书坚持学习。当回到学校的时候，已被公认为是有特殊经历的人，还形成了自己的一套实践理论。

哥伦比亚大学至少有1 000名学生可以赚得每年的全部或大部分开销。纽约这座城市提供了大量的就业机会，与这里的其他名校相比，哥伦比亚大学给予学生更多的支持。

斯坦福大学学生会主席大卫·斯达·乔丹以前在康奈尔大学就读的时候，通过当服务生、做家教、修理草坪等途径赚取学费。他认为一个年轻人不是通过自己的劳动赚取学费就不配接受教育。

康奈尔大学另外一位学生会主席雅各布·古尔德·舒尔曼也是通过打工赚钱来完成学业的。

波士顿大学许多年轻人通过打各种工来支付花销。比如做调查员，夏季时当货车司机，在夜校做助教，夜间为各种各样的公司记账，在酒店当服务生，在农场工作等。许多女孩，也是自己独立工作，几乎无需任何帮助。我读大学的时候，就有一个与我肤色不同的穷孩子通过自己的努力完成了法律专业。他当时穷得连一个房间也租不起，只能睡在法律系图书馆前的长凳上。

美国大学的校长代表表示："我认为，完成大学教育的另外一个好处就是让学生通过自己工作赚到的钱来完成学业。学习本身也可以给人以工作时的活力，让他认清现实。这和一个人通过真正的工作所获得的经验不太一样。"

最后一点需要强调的是，在生命中，健康是最宝贵的财产。如果因为缺少食物、必要的休息或娱乐消遣使身体垮掉了，在这世界上不是所有的教育或金钱都能弥补你的损失。健康永远放在第一位。任何名副其实的教育都意味着一个健全的心智寓于健康的身体。

今天，大多数人都希望获得自由的教育，希望获得一个比丹尼尔·韦伯斯特或詹姆斯·加菲尔德好百倍的机会。但是记住，身体是革命的本钱，拥有健康的体魄才能做你认为行的事情。另一方面，意志决定行为，世界从来没有像今天，像此时此刻这样有如此多的方法可以建立坚定的意志和顽强的决心。

伟人在学习上很少有偏爱。一个低的起点不会是一项伟大事业的障碍。大学里打工的人可以赢得尊重，他将会学到如何经营自己的一生，无论在学校与否他都会比一个"富二代"更受尊敬。农民、修理工、技师以及中产阶级家庭的孩子与有钱人的孩子比起来,并不比他们缺少机会,共和政体的明天需要的是好市民与智慧。

第15讲 简洁与直率

简洁是智慧的灵魂！

浓缩的都是精华。

直率是一个成功人士的特点。

已故将军基奇纳沉默、不苟言笑、固执，是个身经百战的战斗英雄。他具有常人所没有的全神贯注和直率。他无须任何人协助，独立制订计划；执行计划时，精神抖擞，精力充沛。布尔战争期间，有一天他开始计划一个重要的远征。他的司令是唯一知道行动的人。他只订购了一个火车头、一辆敞篷车以及一辆载士兵的卡车，下令清理路障。所有的事情都要为他服务，拉警报不准提前发电报通知，到达现场从不提前通知，军队里任何一个将军都不知道他会在何时何地出现。南北战争时发生的一件事情更是充分显露了他的这些特点。一天早上六点左右，他突然出现在开普敦的纳尔逊山旅馆。他浏览了登记名单，找出当时应该执勤却没有出现的长官的名字，没有和任何人说一句话，径直走进了这个犯错的人的房间，留下了这样的字条："上午 10:00，一辆专车将开往前线；运兵车则将于下午 4:00 前往伦敦。先生，你可以有自己的选择。"他从不听任何借口，也没有任何商量的余地，更不会接受道歉。所有的军官都明白，他留下的通知就是最后通牒。

他的自信及自控能力使他可以坦然面对任何紧急情况。因此，对手下具有绝对的权威。他做的所有事情都暗示了他的强大。他远离虚荣、谄媚和想获得赞扬的欲望，藐视所有轻浮的举止。他的个性具有伟大的自然力量。他做事有简单明确的目的：无声、高效、准确。

已故的皮尔蓬摩根·基奇纳将军拥有自信、果断、专一、迅速及冷静等优良品质，能瞬间抓住形势，获得成功。

在任何领域中，对成功最有帮助的东西就是学习简洁的思考及行动迅速和坦诚直率。

"要简洁!"赛勒斯·韦斯特·菲尔德再一次这样建议他的朋友，"时间是宝贵的。守时、诚实、简洁是人生的箴言。千万不要写很长的信，因为生意人没有时间看。如果你想表达一件事情，一定要注意简洁。没有一个生意重要到用一张纸都表达不完。"几年前，当铺设大西洋海底电缆时，我有机会发送一封很重要的信件到英国政府。我知道这封信将被英国女王和首相阅读，所以我用了好几张纸来写我要说的话，然后我读了20遍，缩减用词，使句子读起来更简洁，直到最后我将想说的话都浓缩到一张纸上寄了出去。在预期的时间里，我收到了回复，当然，回复令我非常满意。如果信写了6页，你认为我会进展得如此之快吗？不，那是不可能的。“简洁是最难得的礼物！”

想象你要写一封电报，每个字要花去25美分，因此要以最少的字表达最多的内容不失为一个好办法。当写完了一封信或者一篇文章，认为已经很简洁的时候，请再读一遍，删除每一个多余的字，使句子更完善。通过学习如何简洁地表达，一个人会克服马虎的毛病——在一张纸上写满句子，体现的却是杂乱无章的内容和没有逻辑的思维。这样的实践会改进一个人的思考质量。简洁也应当应用于谈话之中，应该努力用最少的语言表达最丰富的思想。

曾经让人们永远铭记的那些作家们用最简洁的语言表达了他们的思想，去除了冗繁的表达，选择最能传达思想的文字。他们的文字经过漫长的岁月，永远为人称道。有谁可以从林肯的演讲或朗费罗的《生命颂》或莎翁的作品中删除任何一句话呢？无论经过多少岁月的轮回，又怎能消除《圣经》故事里野百合的故事、登山宝训或者英国诗人格雷的《挽歌》呢？

斯图尔特将时间比喻为金钱。他在将事务陈述给门外的哨兵及办公室附近的另一个哨兵之前，不允许任何人进入他的办公室。如果有访客请求私人事务，哨兵会说：斯图尔特先生没有私人事务。当允许进入之后，这个人需要简洁地表达来意。斯图尔特对公司的事务往往能系统且迅速地完成，这常常令对手震惊。没有懒散、空谈或者愚蠢，但是“事务”是从早到晚的口号。在公务时间里，他拒绝私人交谈。他没有时间可以浪费。

许多年轻人因为申请职位时废话太多而找不到工作。大多数生意人的时间都很宝贵，因此喜欢简洁，简洁的表达会给一个优秀的生意人留下美好的印象。

在上班时间给一个人打电话时，要尽量讨论与工作有关的事情，并且用简短的词语，说完后迅速挂断。对方的每一分钟都是宝贵的，他可没有时间和你闲聊。

如果说有什么事情可以激怒一个商人，那就是尝试与没有任何成绩、从来不表明观点、说很多废话介绍自己、转弯抹角的人做生意。他们就像一只徘徊了很多次的狗，最后又躺回到开始起步的地方。没有意义的解释、介绍和道歉使人感到筋疲力尽。

有些人永远无法使他们把话说到要点上。他们总是就一件事周而复始，却从来没有深入到问题的实质，他们思考问题不直率，像在“毒药”这个游戏中的孩子一样，试图躲避与指定事物的接触。

当一些孩子或者年轻人问我如何取得生意的成功时，我试图寻找他们是否具有直率、简洁的表达能力，我会看他们是否能够心口如一、清晰明了地表达事情。如果缺少这些品质，虽然也有成功的可能，但是这种希望很渺茫。因为这些特征都是成功人士所必备的。不坦率的人经常会工作不顺，虽然他们可能工作努力，但是从来没有取得什么成就。只有那些坦率的人，有说服力的人，以及能深入问题的本质提炼出精髓的人，才能成就大事。他们知道自己想要什么，从不持观望态度，从不把时间浪费在犹豫、寻求建议、平衡观点以及钻牛角尖上，根据事情一步步的进展作决定，然后义无反顾地付诸行动。

经常在会议或者公共集会上见到这样的人，他站出来，告诉观众只有几句话想说，然后一下子就高谈阔论了半个小时。简洁是最宝贵的一种品质。它代表了缜密的思维。要努力学习怎样将自己的想法简明扼要地表达出来。谈话不能漫无目的，本来一句话就可以说清楚的事不要用十句话去说，要将自己的思想融汇在简短的语言里。

直率是一个成功人士最需要具备的特点。成功人士不会搁置一件事情，总是设法去完成。他们如果给你打电话说有生意上的事情想谈谈，不会花 15 分钟去介绍自己的目的。他们直截了当，不在准备和讨论问题上浪费时间，而是将生意的要点尽快说完。

直率是所有伟大的领导者所具备的品质。他们珍惜时间，从来不想把时间浪费在没有意义的谈话上。这是所有大企业中的主管或经理人必不可缺的特点。

许多人失败了，因为他们缺少快速捕捉结论的能力。当他们深思熟虑、平衡观点或转弯抹角时，已经错失了挽救自己的机会。

不直率摧毁了许多事业正处于上升时期的律师。美国最高法院的金牌律师说：这是他们碰到的最多的事情。许多年轻律师太重视自己在最高法院的地位，长篇累牍地介绍自己，拖延陈词的时间，自圆其说，直到触怒了法庭，自此也输掉了案子。

无论有多大的能力，有多高的教育程度，如果不能简洁、果断、直率，那么你永远也不会成功。许多戴着大学光环的年轻人经常给我们留下这样的印象：拥有巨大的潜力和希望。然而，他们却不专一，虽然谈话总是想谈到要点上，但却总也做不到。那些家境富裕、受教育程度良好并且富有才干的人经常令他们的亲人朋友以及自己失望。他们不直率，缺少集中精力做事的能力。

不直率的人就像将面团放在平底锅里没有点火一样，是烤不成饼的。

面对众多应聘者的简历，一个智慧的雇主会选中那些直奔主题，用最少的语言陈述岗位职责，并且表明喜欢或不喜欢的人。而不是那些告诉老板自己曾经做了些什么，以及他能做多少，这只会让对方反感。

简洁而清晰的表达往往具有很高的价值，能给人留下美好的印象。

直率、睿智和思路清晰的语言表明一个人具有清晰、训练有素的大脑。啰唆、冗繁的语言则表明这个人的大脑缺少逻辑的训练。

军事会议上，格兰特将军的手下们往往花费大量的时间讨论形势、作战成功的概率以及行动失败的可能。但是格兰特往往在军营里来回踱步，背着手或抽着烟，既不开口也不提议，他只是思考。将军们正在讨论的时候，他往往从口袋里掏出一张纸条，递给他们，上面写着：先生们，明天拂晓行动，按照以下命令执行。

物极必反，我们知道，这种简洁的想法也不可以太绝对，甚至达到一种愚蠢至极的程度。比如为生活做准备缩短我们的求学生涯。对工作玩忽职守，匆匆地完成那些需要精确操作的工作，最终导致失败。为了节省时间，吃饭时狼吞虎咽，不进行足够的体育锻炼，不度假，以至于最终毁灭了自己的健康。在时间和能源都要节省的年代，简洁是普遍的目标。所有的复杂都要化为简单。通往每个目的地的路线都要尽量地缩短。

简洁将无处不在。

第 16 讲
别人的目光

依照自己的能力行事，不要期待过多。

意志坚强、果敢和耐力持久这些品质是无价的，能帮助我们击败竞争对手。

当有人问卢·华莱士创作《宾虚》时的灵感从何而来，他回答道，“我渴望在我生活的时代表达我的观点。”

明尼苏达州的一名州长曾经说过，他的志向是“为了自己和这里的百姓们，将自己出生的地方建设好。”

还有比渴望在自己的团队中一言九鼎，得到当地人的信任以及得到同龄人的尊敬更远大的志向和更高贵的动机吗？

许多人与并不十分了解自己的人相处得很好。一个真正的好人能跟邻居相处融洽，赢得真正了解他的人的尊重，这很大程度上依赖于他在当地享有的好名声。相比之下，从陌生人那里获得好名声要困难得多。

大多数青少年并不认为他们的未来取决于别人如何看待他们。他们不知道给他人留下坏的印象要经过很多年才能改观，即使这个年轻人已经彻底地改变了自己，走上了生活的正道，坏男孩的形象要持续很多年才能被好男孩取代。

我经常听年轻女孩说，只要她们认为自己没有做错事，就不会理会他人的流言蜚语。但是有多少女孩的未来被这些不经意和鲁莽的行为，还有别人对她错误的印象而毁掉，致使以往的过失永远不能遗忘！又有多少女孩因此错失了一个原本可以属于自己的幸福家庭！

一件小丑闻，即使只是无伤大雅的小事，也能摧毁无辜之人的幸福。年轻女孩不该对别人的看法漠不关心。

我认识一名年轻的女士，她总是行事轻率，无意识地做一些毁坏自己名声的蠢事，将自己置身在风口浪尖上。结果是，她身上的闪光处，她的美丽以及很多令人钦佩的品质并没被周围的人认可。

许多年轻朋友在一些琐碎的小事上，总是表现得不老实、不诚恳，给人留下了不好的印象。虽然这多数是无意为之，但是却会严重损害他们的名声。

一个人应该加倍地维护好自己的名声。名声对每个人来说太珍贵了，不可视同儿戏，对一个人来说，可以失去钱财、居所、职位和朋友，这些都可以重新找回，但是一旦失去了好名声，就永远不能完全恢复。

年轻人常常认为将来有足够的时间去建立自己的良好声誉。但是，让我来告诉你吧，在你的一生中，没有任何一件事比尽早地建立起好名声更重要，坦白地说，这很公平。

你不能低估一个好名声的价值，对你来说它意味着一切。是否拥有好名声决定你是成功还是失败，伟大还是平庸，你是想尽早建立起良好、正直、廉洁、诚信和可靠的声誉，还是让人觉得你是一个不可信赖、狡猾和不忠诚的人？或是可以用莎士比亚的话来形容你的威望：

他的言语是箴言，他的誓言是圣言；
他的爱忠诚，他的思想圣洁；
他的眼泪，是发自心灵纯净的圣讯；
他的心距离欺骗像天堂距离尘世那样遥远。

好名声是不容受到侵害的，要让你认识的人从心底里对你怀有好感并支持你，这是能否成功的决定性因素。事实上，一个好名声是走向成功最好的资本。所有的声誉都基于自信。当自信心减弱，声誉就会降低。

在一次普约委员会的会议上，委员们审查一项被称作“金钱信任”的决议，有人问摩根先生：“是否能获得商业贷款难道不是主要取决于资金或财产吗？”

“不，先生，”摩根回答，“最主要的是取决于他是否拥有一个好信誉。”

是否有个好名声会有完全不同的结果。你的所作所为是否正如你承诺的那样，你说的话是否都是一言九鼎、决不反悔。商界人士不喜欢与那些总是在远处观望的人做生意，因为他们害怕遇到滑头、骗子，那种人在自己得不到很大利益的时候，就会试图推翻之前所承诺的一切。

一个坏名声——人们对你不好的看法就像压在背上的一个重担，使你无法直起身子。你会不顾一切地想壮大自己，试着扭转人们的看法。无论承认与否，别人对我们的看法都深深地影响着我们。别人对我们的印象很好，这种意识对自己会起到支持和刺激的作用，我们的自信心会随着别人对我们的信任和尊重而增长。

每件事的成功都依靠自信。别人对我们的信任是一种支持，使我们越来越强大。反之，别人对我们信心的缺乏会让我们变得虚弱，犹豫不决。

如果拥有雄心，要大展宏图，就要珍惜自己的信誉，尊重自己的言行，不要削弱自己的地位。不要总是说些蠢话来干扰别人对你的评价，不要做蠢事和尴尬的事。

建立一个好名声并不是一件难事，只要一点一滴地积累人们对你的好评；但是如果你总是令人失望，使自己信誉的杠杆倾斜，你将会发现要想挽救在别人心中每况愈下的印象必须下大功夫，付出额外的努力才行。

多年的工作成果在短短的几分钟就会垮掉。一个人一个小时跌落的距离，需要几年才能爬上去。所谓下山容易，上山难。在社会圈里，诚实、正直可以代表很多东西，值得你去拥有。

你所任职的公司的声誉和品质对你未来的发展至关重要。因为声誉可以传播。举个例子，从纽约一些公司的雇员里挑选出品行正直、名誉清白的人，与那些来自低等的、虚有其表的公司雇员混在一起，对于一个有洞察力的人来说，区分他们并不是难事。因为公司的品质，经理人和老板的思想观念都是可以感染人的。这个公司规范的制度管理会感染这些雇员，让他们能够迅速地拥有公司的特质。

有些事情非常微妙，可以鼓舞或者削弱人的气势。公司的特质能使雇员们增光添彩或者暗淡无光，这种特质会渗入到雇员们的生活中。一些年轻人在退出低档次的公司，建立自己的事业后，也会受原来公司行事模式的影响。

对一个有责任感的年轻人来说，他唯一值得表扬的地方就是能够仰望自己的理想，有心目中崇拜的英雄；他必须保证自己的理想是有价值的，对他的名誉不会造成损害。

建立一个好名声，其中重要的一步就是让他人接受自己，为自己的良好形象打下基础。这将帮助你建立良好的信誉，在团体中站稳脚跟。一旦轻视团体中其他人的意见，很快你就会发现自己不再有信誉，也不再拥有他人的善意支持。

没有一个人能隐藏他的真性情。无论走到哪里，都会像展览会上的展品一样被人盯着看。就像公告栏上发布的消息，供其他人阅读，往往我们不能成为自己想成为的那个样子，而是别人认为的样子。一千双眼睛和一千个评价在细读我们，衡量我们，评论我们。这些评论跟随着我们，不会轻易走开。

无论愿意与否，我们都被别人用他们的意愿衡量着，评价着。

我们的身上充满了可以表现品质的记号。我们的行为举止是对自己的整体展现。人们观察你每天的小动作，就能说出你是一个什么样的人。你是否自私，是否喜欢炫耀，或是小气、贪心、善耍手段。一个善于观察的人能通过这些动作重塑并且展现真正的你。阿加西斯教授可以通过一块化石还原生活在百万年以前的动物的原貌，也就是在人类来到地球以前便存在的已经灭绝的动物；他可以说出这种动物曾经居住在哪里、生活习性以及以什么维生等。

如果在小事上斤斤计较，你自己都可以确信自己不能成为别人心目中优秀的人。

性格即力量，一种强大的力量。这世界上没有什么比性格更有影响力。缺乏良好性格的人很难胜利，很难在团队中获得爱戴。一个好名声值得你去拥有。

第17讲

灰心的时候怎么办

一个年轻人遭受多次失败后并不气馁，仍旧坚持不懈地努力，以加倍的勇气一次又一次地参加比赛，这种精神强大而令人鼓舞。

普兰特斯·马福德曾经说过："培养自己的思想，将获得无穷的力量。这种力量可以使人们远离各种悲伤，如失去财产，失去朋友，遭遇生活的逆境等。坚强的内心可以帮助人们摆脱各种焦虑和烦恼。无畏的人可以控制自己的心态。"

如果不训练自己远离低迷的状态、沮丧的想法和感觉，生活就充满了不确定，未来就没有胜利的保证。大部分人似乎从没认识到，治疗阴郁心态的解药其实就是自己。他们日复一日，拖着疲倦的步伐做着重复的工作，好像自己的命运就是做这些枯燥沉闷的苦活。对生活没有期待，没有美好的愿望。这些人没有足够的激情来承担工作。他们疲倦地度日，仅仅是工作的奴隶而已。

很多人终日生活在郁郁寡欢的状态中，穿着懒散破旧的衣服，拖着沉重的步伐，没有任何值得骄傲的事情，对别人的看法漠不关心。这些人让沮丧、懒惰、多疑、不自信的状态时刻影响着自己，成为烦恼的牺牲品。他们没有更多的期望，没有远大的理想，没有为自己的未来制订计划，没有前进的方向。他们因不知如何克服忧郁而陷在失败的沼泽里。

有些人会周期性地情绪低落，而且这种低落的情绪来得非常突然，这些阴郁和沮丧很容易打败他们。这些人和他们脑袋里低迷沮丧的洪流建立起了稳固的联系，一旦这种联系建立起来，大脑就会时常被各种阴暗、泄气的画面占据。

我认识一个人，他就被这种情绪折磨得痛苦万分，现在几乎成了一个慢性病患者，就像癫痫一样时而发作。我曾亲眼见到他受这种抑郁魔咒的影响，面容大变，我几乎认不出他来。

心情抑郁是一种懦弱的疾病，这一点有些人不愿意承认，他们很容易让自己变得懦弱，像孩子一样屈服于消极的情绪，直到无助地被思想的恶魔控制。

没有什么比放纵自己、任由自己沉沦在阴郁沮丧、自我怜悯和自我怀疑的情绪中更影响效率、毁灭人格了。这种懦弱一旦成为习惯，就会令人失去气概，失去活力，逐渐被腐蚀。

试想一下，如果军校的学生不想参加集训或学习，教官们会允许他们待在房间里吗？如果他们讨厌规章制度，散漫无组织无纪律，他们会成为怎样的军人？无论愿意与否都要参加点名，不仅如此，还必须通过一项项最严格的检验。制服的一个扣子没扣，鞋子没刷，头发没梳，步伐或姿势拖沓，以及任何违反纪律的行为都是不可原谅的。

精神方面的训练亦是如此。如果不严格控制自己的情绪和感情，那么只能为笨拙和无效的生活付出沉重的代价。

当你觉得无助和忧虑，一定要与此种感觉抗争，不要任由自己陷入情绪的低谷，整夜地担心与焦躁，白天又胡思乱想坏事即将到来。这样只会让事情变得更糟。不要使混乱不堪的怀疑将自己一步步推进沮丧的沼泽。拒绝任何打扰平静心态的事情，用自我激励的疗法抑制坏情绪进入大脑，保持快乐。

铲除自己的敌人——怀疑、害怕、焦虑和恐惧需要精神上的朋友来提供帮助。这时你需要鼓励和对美好事物的向往。要摆脱悲观的念头以及阴暗、丑陋的画面和令人沮丧、令人泄气的事情。你需要与朋友和鼓舞人心的事物建立联系来滋养精神王国。他们帮你撬起偏于忧虑的杠杆，将害怕、沮丧压倒在地。

克服由于沮丧而懦弱的最好方法就是找一个你能独处并让自己静下心来的好地方。痛苦、沮丧和焦虑来自负面的心态，必须改善这种心态。要反复肯定自己，用快乐的力量去积极地面对一切。

对自己说:"上帝创造我不是让我整日痛苦、沮丧地活着。他要我向前,勇敢、激昂、快乐地活着,我生来就具有这种权利。上帝与我同在,我是自己的主人,是自己思想和情绪的主人,我很快乐。相信一切美好的事物。没有任何事情可以持久地伤害我,因为上帝时刻保护着我,我与他同在并将永远如此。我要快乐、开心,不能让忧郁占据我的大脑,上帝在我心中,我也在上帝的心中。决不让影响健康和快乐的事物打倒我!"

当孩子或朋友身处沮丧的泥淖,因哀愁而饱受折磨时,你会去开导他们,那么现在用同样的方式开导你自己吧!摆脱那些笼罩在你脑海中阴暗、丑陋的画面,洗刷掉所有沮丧的念头,让不开心的事、错误的事、所有扰人的过去都随风而去吧。举起拳头对抗打扰你快乐平静生活的负面情绪吧,鼓起勇气把它们赶走!如果你和自己哪怕只有一次交心的谈话,你都会觉得向抑郁屈服,放弃希望的懦弱行为是可耻的。

很多人靠阅读有趣、励志或者激发灵感的书籍来驱赶抑郁的情绪。这些有创见的读物里,有神奇的鼓舞和治疗功效。书中的内容强而有力,积极而有建设性,将思想的敌人驱散。一个是光,一个是黑暗,光总比火柴对黑暗来得有效。黑暗不是现实,也不会永远存在,它只是暂时的无光的状态而已。光明才是真正有创造性的力量。如果能够学会将积极的想法武装头脑抵抗低落消极的念头,摆脱烦恼便是一件轻松容易的事情。

抑郁是一种精神病态的前兆，它不仅使生活倒退，还会摧毁自信。病态的思想通常会扭曲事实，这会影响人的各种能力，随之制造出阴郁的氛围，没有人愿意处于这种环境中。我们都会避免与内心忧郁的人接触，就像避开那些可怕的留给人不快印象的画面一样。我们本能地喜欢开朗、乐观、充满阳光的人，愿意与微笑面对任何困难的人成为朋友。

一个总需要别人顾及他的感受、情绪易波动的人不是天生的领导者，他不会建设好自己的团队。

能够做自己的主人，控制自己抑郁情绪的人才会取得成功。“他是自己情绪的牺牲品。”这句话可以适用数以千计的失败案例，那些没有学会控制自己思想和心情的人，那些随着情绪波动而内心起伏的人，就像是温度计里随气温变化而波动的水银一样。

雇主们总是担心遇到心理不健康的人，担心他们有不同于正常人的怪癖行为，怕他们失衡与懦弱的表现会给公司带来麻烦。我认识一些有能力的年轻人，但是他们却因受到消极的心理影响而阻碍了自身的发展。

如果你想摆脱消极、抑郁的情绪，不想做情绪的牺牲品，那么不要将自己同家庭成员们分离，也不要将自己与外界隔离。无论怎样，不要做一个置身事外的避世者。积极地在团体中发挥自己的能力与特长，真正投入精力到你感兴趣的事情当中；尽可能多地与朋友联系，分享彼此的快乐，使自己开心地笑起来;远离你原来的想法;不要捧着书本孤单地躲在角落里,更不要将自己反锁在阴暗的房间里。充满热情地投身于家庭计划、公司娱乐计划和好友的派对中,你会发现摆脱抑郁其实很简单。

不要徘徊在沮丧与不幸的环境中,不要让不好的画面停留在脑海里,这些只会加剧你的烦恼。要坚定地相信,你是健康、快乐、充满智慧的人。

下次,当你觉得自己是个失败者,当你觉得工作没有意义,请把目光转个方向吧!如果在心里承认自己失败,便不会做任何有意义的事情去争取成功,好运气自然不会来到你身边。

对于影响我们快乐和成功的敌人,只有一件事情可做,那就是扼杀它们。对于那些不快、沮丧、灰心的念头,只有一件事情可做,那就是摆脱它们,用积极的想法将它们驱逐出大脑。

如果只是陷于悲伤的泥淖,而不是与之抗争的话,思想的大门会对所有的抑郁敞开。对麻烦耿耿于怀,对不幸喋喋不休,会滋养了忧郁的念头。忧郁就是因为有了这些滋养才会存活。

另一方面,如果采取积极果断的态度,坚定地关闭忧郁思想的大门,所有抑郁的大军都将被你打败。

人们由于不懂得使用什么解药而饱受精神抑郁、情绪低落的折磨,其实,这些症状是完全可以治愈的。当意识到这种低落的情绪会给精密的大脑和神经组织带来损害时,就要想尽办法将它扼杀在最初阶段。我不相信这个世界上有人下了决心却无法消除糟糕的心态。当决定不屈服于一时的幻想，不成为坏心情的奴隶，当意识到必须依靠自己的力量才能处理糟糕的心情而不是让它们来击倒你，你就能重新获得正能量。

当你早上醒来，什么事情都不想做，觉得生活毫无意义，这就是“沮丧”这个敌人来向你挑战了，要坚决打败它！你要对自己说：“无论怎样，要看到事情好的一面。抑郁的思想控制不了我，要让这些弱小的敌人知道，我可以做自己的国王，今天能做到，以后也一定能得到。”支持自己，无论一天当中任何时候感到抑郁，听从这句妇孺皆知的名言吧——“保持你的嘴角上扬”。

无论你的心情如何，试着让嘴角上扬，看看感觉如何。“这真有效！”这是一个外科医生说的话，面对病人，即使是在办公室时他也时刻保持微笑。做出这个嘴角向上的曲线，好的感觉便会随之而来。他说，保持嘴角上扬，快乐便会挤走阴郁。他的太太经常忧郁，每当她感到沮丧时，他就会说服她稍微笑一笑，与她聊天，这带来了很好的效果。

我认识一个人，长久以来一直受沮丧情绪的困扰，整日阴云密布。后来他依靠微笑疗法治愈了自己。他对自己说：“我已经倒霉得够久了。这种倒霉的习惯伤害我太久了，现在我要让这一切停止。无论如何，我要笑，要让嘴角上扬。”这种方法救了他。他坚持微笑直到彻底改变了心态，变得快乐而热情。

随之，他的事业和健康也都有了巨大的改善。

一个经历了失去至亲痛苦的女人说："我决定，再也不让自己的痛苦影响他人。面对任何不悦，都面带微笑。我要让身边的每个人都愉悦并且乐观！"

约翰·华纳梅克在新年到来的时候给人们提出了这样的建议："不要忧虑，如果只想着自己的错误，你永远也不会快乐。"

一个曾经富有的人在经济危机中变得落魄，只因为他花太多的精力去纠缠错误，花太多的时间去沮丧。

早晨出发去上班时，要下决心不让任何事情烦扰自己、不要降低效率。长此以往，不愉快的小事将不会对你造成任何威胁。换句话说，早晨做的决定会带给你巨大的帮助，帮助你战胜所有忧郁的心情，带走所有可能影响你的烦恼，让每天变得成功而有效。

没有什么事情比自己每天过得成功更富有意义。

第18讲 心中的榜样

如果有一件事是必须去做的，那就是提升自身的价值。

——菲利普斯·布鲁克斯

你是否意识到，每当你认为自己是一个失败者，一个无名小卒时，这种想法正在侵蚀你所追求的目标，正在毒害、扭曲你的成功。

到达一个巅峰的人通常在很久之前就幻想过自己成功时的画面。

思想总是走在计划的前面，而计划总是走在行动和成就的前面。如果计划受到阻碍，那么整个命运也会相应地变化。当贫穷的氛围时刻跟随着你，你就只能生活在救济院。

如果你希望在生活中胜出，那么必须随时保持胜利的想法。首先，你的态度必须是胜利的。

你是否认为自己是一个欠缺某些天赋或是在某些方面不足的人？那么想象一下，把自己想象成为一个充满男子气概或者女性魅力的人吧，因为潜意识里，我们会向自己预想的状态靠近。

你对生活持怎样的态度，生活就被你建设成怎样。要是你认为自己将一事无成，那么这个世界上就没有什么力量可以使你成功。任何事情都无法将你从对自己的谴责和自我否定中拯救出来。

总认为自己是最好的，为自己勾勒一幅完美的画卷，想象自己健康快乐，有能力很成功，绝不让渺小、不完美的自己进入你的大脑。

只有极少一部分人能认识到我们在向自己的预想和信念靠近，生活正沿着自己脑海中的模式进行。我们对自己未来的幻想将成为思维的基点，随着不断地创造新模式，使自己向着期待的那样日臻完善。

训练自己将思想集中于美好、完整的事物，复制我们的希望到生活中，以这样的方式来支持自己，那将是很伟大的一件事情。

我们应该使自己的头脑充满丰富、有益和美好的想法；绘制健康、繁荣、舒适、快乐的画面。正是因为想象的不足，我们的思想才如此匮乏、枯竭、狭隘、吝啬和悲观。

如果想增加你的力量，绝对不要轻视自己，不要将卑微、低俗的想法和自己联系在一起；要把自己看成是一个精力充沛、强壮能干的人。换句话说，要假设自己已经最充实、最完美，把自己想象成一个成功的人。

对信念坚定的程度决定个人成就的大小。我经常听到教徒们感叹：圣经要求我们要像上帝一样完美。你可以让自己在理想中变得完美，可以想象自己是上帝要求的完美的人，而不是带有原罪和污点的人。

如果你现在还在一个小公司任职，处在一个不显眼的职位，但能做一些更重要的事情，那么你很可能是被自己狭隘的思想限制住了，你没给自己一个做大事的机会。如果你想晋升，如果你想生活更舒适，那么要做的第一件事就是构筑自己的伟大抱负。

养成习惯，幻想自己在期待的位置上，处于自己渴求的环境中。如果幻想自己是一个侏儒，你不可能成为一个巨人。

想象自己有缺陷，想象自己很弱小，这种习惯会严重损害自信心；自信，是对自己有力的信任，是一个巨大的财富，是塑造我们生活的极其重要的力量。

如果环境将你置于一个不快乐的氛围中，使你的力量无法发挥到极致，你就不会成功，如果你想欣赏美好的事物，如果你坚持自己的观点，向着光明苦苦奋斗，如果你正直诚恳，你就会找到出口。渴望，向上，奋斗，这对你来说是最重要的事情。

你走了多远并不是问题，问题是你面对的是哪条路。面对生活的正确态度、正确方式才能使你进步。

人们可以从你的脸上、你的行为、你的谈吐中读出你的想法和生活标准。通过这些可以读出你的品行，你的理想。我们每个人是一个各部分相关联的整体，所以一个自然的表情就能反映出内心所想。消灭本性中那些不良倾向的方法就是切断它们的营养，停止对它们的鼓励和供给。

“你想成功，通过努力就一定会心想事成！”如果所有的母亲都把这个构建理想的习惯灌输给她们的孩子，我们的文明就会发生大变革。我们渴望年轻人对于自己的学业、工作、未来有一个高尚的理想，这种崇高的理想可以很好地抵御那些阻挡他们道路的各种诱惑，保护他们免受不良伙伴的侵害，不让他们做出低俗邪恶的行为。如果知道正确思考的魔力，那么我们很快就能成为自己想成为的成功者了。

用理想将自己包围，用你那渴望成功的坚定信念来充实自己，将它们充满你的大脑。如果你的脑海中坚持那些快乐的、充满希望的、积极的、鼓舞人心的、对美好事物充满渴望的想法，那些忧郁的思想就不会在脑海中停留，忧郁的恶魔就会被一扫而空。

给自己找一个榜样，你会惊讶地发现，慢慢地，你就会向榜样靠近。

对自己的定位必须高于职员，否则就只能做一个职员。必须构想你处在更高的职位，必须坚定决心达到这个目标。决不要让怀疑逗留在脑海中，因为当你培养这种情绪的时候，它就会把你带入那种状态。如果把消极的情绪聚集到一起，例如怀疑、恐惧、懦弱，它们就会制造出一股逆流，将你带离渴望。

必须敢于把自己想象成为领导者，敢于构想自己在更大的平台，有更大的成就和影响力。永远构想自己在一个更高、更远的位置，绝对不要害怕偏离理想。但是记住，你必须用坚定的信念和决心，以及坚持不懈、永不退缩、永不言败的行动来支持你的理想。

每一个人都经历过理想被挫败，但当目标与现实接轨后，就会觉得理想是如此美妙。年轻人刚站在事业的入口处时，雄心勃勃，反应灵敏，渴望各种美好的事物，希望成名，希望成功。

当理想还在初级阶段很难实现的时候，我们看待事物还不成熟，普通人就会选择放弃，然后任凭自己成为一个无名小卒。幻想很光鲜，学校里学到的理论依旧在我们的脑中，但是当走进现实，面对艰难的生活的时候，多数人无法坚持自己的理想。只因为我们需要赚钱生活，每日枯燥繁复的工作使得我们疲惫不堪。我们中有许多人会惊讶地发现，理想逐渐迟钝，标准也随之下降了。最开始，是无意识的下降，但是随着时间流逝，我们认识到了这种变化，最终只能承认这种变化。

我们需要坚定、持续的努力去保持理想的清晰完整，保持雄心勃勃。我们会遭遇一段艰难时期，因为通常思想倾向于物质化。如果允许以自我为中心，那么标准就会逐渐下降，理想也会越来越灰暗，因为我们被物质所迷惑。

坚信自己的生活高尚，坚持认为自己的抱负崇高，坚持执着地追求，对自己的性格、名誉、地位保持最理想的状态，没有任何事情比这些给你带来更多的满足。

如果对自己可能达到的效率存有崇高的理想的话，那么相比那些脑子什么都不想，只知道勤奋埋头苦干的人，我们更可能努力地去获取多的效益。

拥有理想才能提高努力的质量，才不会让你的抱负因疲惫而退缩。

如果拥有崇高的理想，高尚的情操，如果已经开始努力或正在努力，最终你会胜出。目标总是和最强烈的愿望和最辛勤的努力联系在一起。

如果已经尽自己最大的努力去实现理想，不论现实多么黑暗，总有一天，在某一个地方，会有一条适合你的路出现。

机会总是青睐那些意志坚定、有抱负、有勇气、有毅力、有恒心、决不放弃的灵魂，决不会青睐那些懦弱、沮丧、目光狭小的人。

低俗的理想会使你生活在枯燥与诅咒中。如果一个人从不向前看，从不向上攀登，他永远不会脱颖而出。一个人的心态必须延伸，不仅向前，更要向上。这种延伸会自然地把你从毁灭中拯救出来，阻止你的生命变得迂腐庸俗。如果没有这种向上向前的理想，生活便没有激情，会变得平凡而乏味。

“展翅高飞”是欧战中同盟国经常对飞行员下的一道指令。这些“空中飞人”的任务是在侦查敌军航线时必须保持飞机高度在危险区之上,这样才可远离敌军飞机射过来的炮弹。

“展翅高飞”同样适用于我们。它告诫我们要向上,急速上升,向上追逐理想,努力让视野与理想平齐。

处于团体的核心、生活在理想之中的人会变得越加强干,生活也会越加优雅。如果忽视这些,只是一味地生活在物质世界里,就会越加卑微与堕落。我们本性中最细腻、敏感的情感,如情绪,它和理想息息相关。如果只生活在物质中,本性就变得死板,冷酷,没有同情心;生活在理想中的人就纯真得多,更富有同情心,因为本性与真善美的事物贴得更近。

“理想让我们从平庸中脱颖而出。”

人类历史上,世界从未像现在这样要求人们变革理想,就算美国也从未有过像今天这样的机会去影响世界的理想。

克里斯特说过:“如果能实现理想,我会带上所有的人。”最伟大的事就是将理想变为现实。

一个对美好事物充满热情、充满渴望、期待向上向前的人是幸运的,具有远大抱负的人是幸运的,生活在理想中的人是幸运的。

决不允许自己沉溺在懦弱、失败和不开心的环境中,而要相信自己生来就应该健康快乐,积极地去实现这个理想。

想象自己强大,你就会强大。想象自己渺小,你就变得渺小，甚至不知去尊重自己。想象自己崇高，或者对自己的能力有崇高的信念，这些都会帮助我们了解生活更深刻的意义，做出更有价值的事情。如果有这种信念，就不需向平庸的人或邪恶的行为卑躬屈膝。崇高的理想和远大的抱负是人具有良好品质的保证。

第19讲

梦想的力量

爱默生曾与一群所谓的“成功人士”在一起，这些人在高谈阔论着铁路、股票及当时的一些“重要”事情。爱默生说：“先生们，现在，让我们停下来，谈论一些真正重要的事情吧。”

爱默生被称为“梦想者中的梦想家”，因为他对事物的发展有很强的预见性，知道世界会朝哪个方向发展，知道未来的文明会朝着哪条道路延伸。今天数以万计的人们正生活在当年只有他一个人所预见到的世界里。

爱迪生也是一位梦想家，因为他预见到在半个世纪后，人们能享受发明带来的便利，知道各种发现及机械能不断推动今天看起来很过时的东西。他心灵的眼睛能在博物馆里“挖掘”到很多新奇的东西。半个世纪后，这些机械与装置发挥了神奇的作用。从这个层面来说，梦想家都是真正的预言者。他们能在未来文明露出端倪前，就能准确地预测到其发展的方向。

正是19世纪中叶的梦想家们建立了旧金山这座城市，并且让它成为西部海岸最重要的港口。所以，即便在后来发生的大地震里，整座城市又遭遇大火化为废墟，30万人无家可归的情况下，梦想家仍能从废墟里看到一座重建的美好城市，而别人只能看到一片凄凉。这些梦想家凭借着不可动摇的毅力与不可战胜的美国意志，成为美国的先锋者。他们开始在这座城市上重建，恢复它往日的繁华。正是那些伟大的梦想者预见到在跨越美国大陆的铁路铺成后，一定会给铁路两旁的城市带来繁荣与商机，而那些更为"实际"、缺乏想象力的人却只看到美国大陆的荒凉景象，平原上大片的碱性土地，草比人高的荒原以及难以逾越的高山。诸如克里斯·P.亨廷顿、利兰·斯坦福等梦想者用铁轨将东部与西部连接起来，让身处两个大洋边的人们成为邻居，重新开垦沙漠，在原先荒凉的土地上建立城市。

正是梦想者的坚持与毅力抵制了那些众议院议员建议进口单峰骆驼，穿越美国沙漠来传递信件的想法，那些众议院议员们说建造铁路的做法是荒唐、愚蠢的，而且非常浪费金钱，这样做无法给西部带来更多的人口。

正是这些梦想者在当时还四处散落着印第安人小村落的芝加哥预见到了一座大城市的兴起，提前很多年就预见到了奥马哈、堪萨斯城、丹佛、盐湖城、洛杉矶及旧金山等城市的繁华，虽然当时没人认为这些会成为现实。

正是诸如马歇尔·菲尔德、约瑟夫·莱特、波特·帕玛尔这些梦想者,从芝加哥的废墟中看到一座全新、充满荣光的城市,要比之前的那座老城市更加庞大、更加辉煌。

要是将这些梦想者从人类历史上删去,那谁还愿意读我们的历史书?我们伟大的梦想者!他们不断推动着人类的发展,那些弯着腰、流着汗的辛勤工作者,披荆斩棘,开辟道路,世世代代地奋斗着。

让我们生活富于价值、从负累中解脱出来、从平庸与丑陋中超越出来的东西——这些都为我们的生活提供了极大的便利。

我们所处的时代,就是过去所有梦想者不断奋斗的结果,是梦想化为现实的一个明证。举世闻名的海底电缆、神奇的隧道、壮观的大桥、学校、医院、图书馆、大城市,所有这些设施都给我们提供便利、舒适,都是过去那些梦想者所创造出来的。

我们听到很多人谈到梦想者多么不切实际,谈到梦想者脚踩在地上,却想着如何到天上摘星星。但要是没有梦想者的话,我们的文明又会处于怎样的状态呢?我们依然会乘坐公共马车或是以步行的方式来穿越这片大陆。我们依然要通过帆船来跨越海洋,我们的信件依然要以驿马快信的方式来投递。

“这是不可能的!”那些缺乏想象力的人大声喊道,但梦想者却呐喊道:“这一定可以做到!而且应该可以做到!”梦想者不仅这样说,也是这样做的。即便在面临各种物质匮乏的情况下，他们依然坚持自己的梦想。

梦想者哥伦布在面对别人的嘲笑与轻蔑时，面不改色，展现出一个大冒险家所具有的远大理想，向他们描绘出一幅美好的景象。很多大人都教小孩称哥伦布为娘们，在他路过的时候，用手指着他。哥伦布梦想着大洋对面的大陆，不管要历经多少磨难，他都要将这个光荣的梦想变成现实。

正是那些梦想者，在四分之一世纪前就看到了手动印刷机中的轮转印刷能够让批量印刷报纸成为可能。要是没有这些梦想者，我们的印刷领域依然还停留在手工排版的阶段。正是那些被当时人们谴责为“预言者”的人真实地压缩了空间，才让我们能与千里之外的人们进行交谈或是商业贸易，仿佛他们与我们都是处于同一幢建筑里。

不知有多少只看重现实、缺乏想象力的人，只能用一双世俗的眼睛去看这个世界。假如这样的话，我们的文明能出现诸如爱迪生、贝尔与马可尼这样的人物吗？

那些“实际”的人总是告诉我们，想象力对那些艺术家、音乐家及诗人来说是有用的，但对现实的世界是没什么用处的。今天这个时代，工业先锋、商业巨擘都是拥有很强预见能力的人。他们相信这个国家依然拥有非常庞大的商业潜能。要是没有这些梦想者，美国的人口依然会聚集在大西洋沿岸。

这个世界上最为实干的人都是那些能看到未来、预见文明走向趋势的人。这些人能预见到人们将从狭隘的视野、阻挡前进的障碍中挣脱出来。他们既有对事物的预见能力，也有将这些想法化为现实的能力。梦想者都是那些能够完成似乎不可能完成的任务的人。

我们的公园、艺术画廊、著名学府都竖起了纪念碑与雕塑，缅怀过去的那些梦想者——他们预见到未来更好的事情，看到人类进入到更为美好的时代。

不知道有多少人为了实现梦想，在监狱与地牢里遭受着苦难。梦想本应让世界远离野蛮，让人类远离负累的。

伽利略及其他著名科学家就是因为他们所持的“梦想”而遭到拘禁与迫害，他们的理论直到几代人后才得到承认。伽利略所提出的理论让我们对宇宙及地球有了一个全新的认识。孔子、苏格拉底等人的梦想已经真实地影响了数以百万人。

对未来的预见绝对不应受到嘲笑，这些预见只不过是即将发生的事情的提前预告，让我们可以窥见未来事情发生的可能性。我们总是先看到心中的那个理想模样，然后才能将这副模样化成现实。

乔治·斯蒂文森，这位出身贫穷的矿工，想象着建造一架能够改变世界交通格局的火车引擎。他在煤矿里工作时，日薪只有 6 分钱，还要通过为自己的同事缝补衣服或是补鞋来赚取额外的一点收入，以供自己上夜校。与此同时，他还要养活自己双目失明的父亲，但即便是在如此困难的情况下，他依然没有放弃对未来的梦想。很多人都说他疯了，“他制造的那个发出轰隆隆声响的引擎散发出的火花会烧掉整座房子的”、“引擎发出的黑烟会污染环境”、“马车制造商与马车夫会因为没人聘请而饿肚子的”。当这位梦想者身在下院时，很多议员都这样攻击他。一位议员反问：“还有比那种认为火车引擎的马力能比马车快两倍的想法更加荒唐与可笑的吗？我们很快就会发现，伍尔维奇的居民就要忍受这样一种堪比康格里夫式炮弹发射速度的火车，竟然相信这样的一个机器能以那样的速度前进。我们相信国会一定会按照铁路部门的建议，将火车的速度限定在每小时八到九英里，这样我们才敢冒险。”尽管遇到这样的诽谤中伤、嘲笑与反对的阻力，这位“疯狂的预言者”还是为实现自己的梦想工作了15年。

1907年8月4日，纽约庆祝罗伯特·富尔顿的梦想实现100周年。想象一下百年前，1807年8月4日，星期五，哈得孙河边的码头上，一大群满怀好奇心的人们怀着看好戏的心态聚集在一起，准备见证人类历史上最为荒唐想法的破产，见证那个被视为“怪人”的家伙可耻的失败。这位“怪人”建议用这艘名为“科勒蒙特”号的汽船运送乘客到奥尔巴尼！“有谁听过在哈得孙河上，一艘没有风帆的船只能够准确到达目的地这样荒唐的事情呢？”一位自以为聪明的嘲笑者这样讥讽道。很多围观者都觉得罗伯特·富尔顿是在浪费自己的时间与金钱，而他所制造的“科勒蒙特”号汽船也只不过是一个傻瓜的作品而已，像他这样的人应该被送到精神病院去。但是，“科勒蒙特”号最终还是顺利地在哈得孙河上完成了首秀，富尔顿也被视为人类进步的一大推动者。

难道这个世界不亏欠发明电报的莫斯一个人情吗？当这位发明家请求拨款数千美元来进行一次从华盛顿到巴尔的摩的实验时，国会议员对他持嘲笑的态度。在历经了很多会让大多数人感到沮丧的挫折后，这个实验终于完成了。一些在场的国会议员根本不相信会传来成功的信息，其中一位议员还问莫斯这根电线能够运送多大的包裹。但很快，电线就传来了信息，原先的嘲笑也瞬间转换成了赞美。

塞勒斯·W. 菲尔德的梦想就是通过海底电缆将大洋两边的大陆连接起来。他的这个想法不知被多少人视为愚蠢至极。要是没有菲尔德这位梦想家的话，今天要想了解世界各地发生的新闻那该需要多长的时间啊！

当威廉·默多克在18世纪末期想象着通过煤气管道来点亮整个伦敦时，甚至连亨弗里·戴维爵士都嘲笑地问道："你打算用煤气罐来点亮圣·保罗大教堂的圆屋顶？"沃尔特·斯科特爵士也嘲笑这种通过"烟雾"来点亮伦敦的做法，但他后来在自己位于阿伯特斯佛德的城堡里却使用默多克的方法点亮城堡。"什么？"一位享有名气的科学家惊呼，"在没有灯芯的情况下点亮？不可能！"

不知有多少人嘲笑梦想家查尔斯·古德伊尔，他在长达十一年的时间克服重重困难，将产自印度的橡胶制造成具有实际用处的橡皮。想象一下，他因为债务而身陷囹圄或不得不典当妻子的衣服及珠宝来勉强让孩子免于饥饿的窘境吧！记住，在他没有钱去掩埋自己死去的孩子，而且其他五个孩子都处于饥饿状态，邻居们都称他是疯子的时候，他该需要多么大的勇气啊！

很多女人都将艾利亚斯·豪视为一个蠢人与“怪人”，指责他不顾自己的家庭，只想着制造机器。最终这种机器的发明为数以百万的妇女提供了极大的便利。

伟大的人物都是属于理想主义者，拥有占卜者那样的预见。雕刻家是梦想家，因为他在未凿一锤的时候，就能从粗糙的石头上看到雕塑的雏形。艺术家在他拿起水彩画笔在画布上涂抹时，在脑海里就想好了图画的每个完美细节、色彩的美感及所展现的形式。

每处宫殿、每个美丽的建筑的蓝图，首先都存在于建筑师的脑海里，在这些实体建筑成型前，整个建筑的模型就已经出现在他的脑海里了。克里斯托弗·雷恩爵士在整个地基打下前，就能想象到圣·保罗大教堂恢宏的气势。正是他的梦想彻底改变了伦敦的风貌。

正是巴伦·豪斯曼的梦想让巴黎成为世界上最美丽的城市之一。

想象一下，梦想者在让我们的家与公园变得美丽这一方面做出了多么大的贡献啊！但在今天的纽约，还是有很多“实干”之人想着，要是可能的话，要把纽约中央公园的土地切割开来，在那里建造商业街区。

每一位成功人士所取得的成就都只不过是实现了他们年轻时的预见、更好地改变自身处境以及拓展自身能力的愿望而已。

我们今天所拥有的家，都是当年那些满怀爱意与努力之人想要改变自身处境的结果。这些梦想者之前曾一度生活在茅舍或是木屋里。

现代豪华的铁路车厢是很多之前搭乘公共马车的人们的梦想。

多年前，要是有人说以后的运输工具再也不需要马匹了，并且生产这种工具的产业会成为全世界最大规模的产业时，肯定会被人觉得这是不可能的事，就好比说今天这个时代制造飞艇一样不可思议。但是，最近在纽约麦迪逊公园举办了这样的一个展览，其中一些飞艇模型的规模强烈暗示着这在未来存在的可能性，足以说服每个持怀疑态度的人。

几年前，这样一项发明仍被认为只是毫无用处的玩具而已，只是那些百万富翁用来炫耀的玩物。20 年前，美国还没有一家汽车公司为大众制造汽车。15 年前，全美国只有五辆不以马匹为动力的交通工具，这些工具都是以高昂价格从国外进口的。但在今天，在美国，汽车再也不是百万富翁们的专利了，一般家庭都能买得起汽车了。

这个梦想已经帮助我们解决了街道过分拥堵的问题，能给人们带来健康的生活，让人们多到乡村走走。最终，普通人都能买到属于自己的汽车，驾驶私家车到处旅游。事实上，这个梦想的实现带给我们更多的欢乐与祝福。

正是因为卡耐基、施瓦布及他们的同事的钢铁梦想，再加上起重机的创造者，他们一道让建造摩天大楼变成可能。

对诸如莎士比亚这样的文学梦想者，我们亏欠甚多。这些梦想者教会我们要从寻常中找寻不凡，从平凡中看到卓越。

人类与生俱来最为神圣的一个权利，就是梦想的能力。要是我们对明天有更好的期望，那么今天所忍受的痛苦也是微不足道的。

谁会剥夺让穷人摆脱日常枯燥与无聊的工作的梦想权利呢？谁能够剥夺他们在梦想里想象自己拥有更为光明的未来，更为完整的教育或是让所爱之人能过着更加舒适生活的权利呢？

没有比希望更好的药物了，没有比期望明天会出现更加美好的事物的心态更能激励与给予我们动力的了。

敢于梦想是美国人典型的性格特征，无论处于多么贫穷的状态，遭受怎样的不幸，我们都能保持自信、独立，与命运之神进行斗争，因为我们相信美好的日子即将到来。一位商店的小职员能够梦想自己日后拥有一间属于自己的商店。最贫穷的工厂女工也能梦想自己日后拥有一间美丽的房子。这就是最卑微的梦想所带来的动力。

拥有让自己立即从充满迷茫、挫折、烦忧与不安的环境中超脱出来,进入一种美好与真实的气氛中的能力,是任何金钱都无法购买的。要是梦想从身边溜走,还有多少人能继续拥有足够的斗志、足够的希望与勇气,满怀热情依然从事自己为之奋斗的事业呢?

正是梦想、希望、持续期望更美好的东西即将到来的心态,让我们保持足够的勇气,减轻身上的重担,扫清前方的道路。

我认识一位女士,多年来她虽然经历了很多苦难,但每个认识她的人都为她依然能保持良好的性格、平和的心态及坚强的品格而佩服不已。她说自己将这一切都归功于自己拥有梦想的能力,她能随时将自己从最让人不满或是艰难的境况中抽离出来,进入一个相对和谐与美好的状态,然后再以饱满的精神与充沛的活力投入到工作中去。

拥有毅力去实现目标以及有决心去让梦想照进现实,是非常美好的一件事。但只是一味地空想,不是想着如何实现愿望,这会严重损害我们的品格。只有富于实际的梦想才有意义。

对梦想能否变成现实的渴望程度,决定着我们能否变得强大与高效。已实现的梦想会成为我们继续努力的全新动力。

梦想与实现梦想,这让约翰·哈佛在身上只有几百美元的情况下，建立了哈佛大学。耶鲁大学刚成立的时候，也只是有少量的书籍。

罗斯福总统将他所取得的成就归功于他为人类创造更好生存环境、实现自身理想的愿望。他梦想自己能够拥有更为优秀的品格，成为一个更好的公民。

儿童生活在梦幻的世界里。他们能够营造一个属于自己的世界，并且和自己建造的“城堡”玩耍，他们喜欢照片，就好像那就是真实的东西一样，喜欢一些海洋与陆地都没有的生物。儿童的这种好奇心对他们日后的生活与品格的塑造都有着重要的影响。

不要停止梦想，而要努力让其变成现实。这些都是激励我们前进的动力，让我们不断往前看，催促我们不断朝高处走。你有怎样的梦想，就有怎样的生活。美好的梦想就是你未来人生可能的走向，就是你人生可能呈现的景象。通往未来的道路会继续延伸，引领我们走得更高更远。

第 20 讲 自信闯世界

1862 年 9 月，林肯在签署《解放黑奴宣言》——19 世纪最为重要的一项法令时，在自己的日记上写道——“我向上帝发誓，我一定要做到。”难道会有谁怀疑这种不可动摇的决心给这个男人增添的无限力量吗？要是没有这种决心，他能够取得如此伟大的成就吗？任何人的嘲笑与讽刺——敌人的恐吓与朋友的背离——都不能动摇他坚定的信念，一定要引领这个国家取得这场历史上最为重要战斗的胜利。

拿破仑、俾斯麦及历史上所有伟大的人物对自己都怀着无比坚定的信念。这种信念让这些人的能力得到极大的增强。要是没有这种信念，谁也无法取得诸如路德、韦斯利或是萨瓦纳罗拉那样的成就。要是缺乏这种不可动摇的信念，没有对自身使命的坚定，圣女贞德是不可能带领法国人民战胜敌人的。正是自信的这种神性力量赐予了她无限的能量，甚至连国王都要听从她的命令。

威廉·皮特被解雇后，他对德文谢尔郡的公爵说："我敢肯定自己能挽救这个国家。""在十一周里，"班克罗夫特说，"英国都没有一个真正的牧师。"最后，英国国王与贵族意识到皮特卓越的能力，让他恢复原职。

本杰明·德斯莱利正是凭借着对自身能力无与伦比的自信，获得了英国人民的认可，并担任了英国最高的官职。德斯莱利这位曾经备受鄙视的犹太人，面对英国议员们的嘘声或是嘲笑声时，并没有气馁或是垂头丧气。他坐在一群发出嘲笑声的议员中，不卑不亢地说："你们将会听到我的声音。"他正是感觉自身一股强大的自信，无惧别人的嘲笑，最终成为英国的首相，将别人的嘲笑与讥讽化为对他的尊敬与赞美。

西奥多·罗斯福总统的成功在很大程度上归功于他难以撼动的自信。我们这位伟大的总统做任何事情，都怀着巨人般的自信。正是这种强大的自信，让他在做很多事情前就已经成功了一半。让人惊讶的是，这个世界会为那些有着坚定灵魂的人让路，任何挫折障碍都会为那些相信自己的果敢之人让路。当一个人觉得自己不行的时候，他是不可能将事情做好的。对一个深信自己、不会因别人的嘲笑而消沉的内心强大之人来说，世界上有什么能够击倒他呢？贫穷不能让他垂头丧气，不幸的遭遇不能让他停下脚步，艰难困苦不能让他丝毫偏离人生的目标。无论发生什么，他总是专注于自己的目标，不断地前进。

对一个有志于想要做律师的年轻人，每天却身处在医学的环境下，花时间去阅读医学方面的书籍，你有怎样的看法呢？你认为这样做能让他成为一名著名的律师吗？不可能。他一定要让自己置身于法律的氛围中，到他能够吸收法律知识的环境、能够受到法律知识熏陶的氛围下，他一定要“嫁接”到“法律之树”上，感受这棵“大树”的养分。

要是一个年轻人让自己置身于充满失败的环境下，并一直待在这样的环境，直到自己的脑海都充斥失败的思想，他要多久才能成功呢？对那些总是抱怨前路有难以逾越的障碍，认为自己每一步都在走向失败的人来说，他只会变得自我贬低，不断谈论失败的事情，让脑海都充斥着失败的影像，这样的人要过多久才能实现成功的目标呢？

失败大军的多数人都是从自我怀疑与自我贬低，或是失去对个人能力的自信，开始了慢慢堕落的过程。一旦你开始自我怀疑，并逐渐失去对自己的信念，你就向敌人投降了。每当你承认自己不足、能力不强的时候，你就是在削弱自信，这样的做法将严重动摇成功的基础。

只要你还怀揣着失败者的想法，并且散发着疑惑与沮丧的气息，你必将成为一名失败者。转过你的脸，切断所有失败的思想，远离所有让你沮丧的思想，怀着一颗强大的心，凭借果敢的努力去面对你的目标，你会发现事情自然会为你而改变。但是，在你能够真正实现自己的梦想前，你必须要在心灵中看到这样一个全新的世界。这样你才能不断努力地接近自己的目标并为之不断奋斗。

我认识一些人，为了找工作花了几个月的时间，因为他们到面试官的办公室时，总是让言行举止展现出自己的弱点。他们在没有开始作战前就失败了。

当你恳求面试官给你一个职位时，面试官一定会仔细观察你的脸部表情与举止。“请给我一个职位，不要把我赶出去。命运一直对我不公，我是一条没有运气的狗。我感到很沮丧。我失去了自信。”要是你流露出这样的情感，面试官肯定会立即对你产生鄙视的情绪，他会在心中默默对自己说，这不是一个真正的男人，从一开始就没有男人该有的气概。他只会想着如何尽快摆脱你。

如果你想要获得一个职位，你就要带着一种胜利者的气质进入面试官的办公室，你在说服面试官自己就是他所要寻找的人之前，一定要充分展现自信。你一定要以自身美好的形象展现你的力量，展现你的精力、乐观与热情。

自力更生包含着一种伟大与不可动摇的自我信念，这是世界上最有价值的资本，让我们克服更多的障碍，更加富于进取精神吧。

我采访过不少性情羞涩之人，询问他们为什么让机会白白溜走，却被那些能力比他们差的人抓住了？他们的坦白几乎都是下面这样的话。第一个人说:“我缺乏足够的勇气。”第二个人说:“我缺乏足够的自信。”第三个人说:“我不敢去尝试,害怕自己会犯错,不敢承担被人拒绝的那种羞愧感。”第四个人说:“我觉得要是大胆地介绍自己,这是一种厚颜无耻的做法。”第五个人说:“哦,我觉得自己不应该追寻比现在更好的职位。”第六个人说:“我觉得自己应该一直等待,直到更好的位子来找我,到那时我肯定已经准备好了。”由此可见,这些人给出的理由充分展现了不自信的借口。这种逃避的做法,这种羞涩的性情,这种自我贬低的做法,通常要比真正的无能更加阻碍我们取得成功。手里提着油灯,你就能看清楚接下来要走的路,无论天色多么黑暗,因为光总会追随着你。不要想着一下子可以走很远的路。“一步一步前进,就足够了。”

女子学校的一位体育老师说,他的第一步就是要让这些女生建立自信,引导她们去想结果,而不是实现结果的手段。他向女生们讲解,更大的能量潜藏在肌肉背后,潜藏在心灵里,并举出了很多时常可见的例子,比如一个人身处巨大的危机——身处火灾或是其他灾难时,都能让肌肉爆发出巨大的能量。他就是通过讲述这样的例子,帮助女生们摆脱恐惧与羞涩,克服重重困难,取得成就。

我相信,要是我们对自身的潜能有更为充分的认识,对自己有更为坚定的信念,我们所取得的成就将会更大。一位哈佛大学毕业生在离开大学几年后,曾这样写道,就是因为缺乏自信，他的周薪从未超过12美元。一位毕业于普林斯顿大学的学生告诉我，他的日薪几乎从未超过1美元。这些人都不敢承担责任。他们羞涩的性情与对自身缺乏信念降低了做事效率。很多人面临的一大难题，就是始终不深信自己的能力，没有意识到自身所具有的力量。自我贬低是对自己的一种犯罪。

要是你想让你自己变得卓越，内心就要时刻保持一种卓越的心态。一个过于“谦虚”之人，最多只能发挥其一半的能力，因为他凡事逃避的性格与自我贬损的个性已经让他不自觉地处于卑微的地位。

你一定要明白一个道理，那就是你的成功永远依赖你的自信。世界上最伟大的艺术家都可能在心灵一片贫瘠的时候描绘出最美丽的图画。你无法在一味地怀疑自己或是怀揣着失败想法的时候去取得成功。让你的心灵充溢着乐观与积极的想法——想象着自己取得成就的光荣时刻，这将驱赶所有自我怀疑的幽灵，将所有的恐惧统统赶走，赐予你一种神奇的力量，让你从失败者变成一个成功者。无论你出身多么贫穷，无论你多么落魄，你一定要勇敢地抵御逆境与贫穷，不能让自己深陷其中。你要不时地在环境中肯定自己的卓越。永远相信自己，感觉自己是在控制着环境，而不能让环境把你套牢，你要下定决心，决不能成为环境的奴隶。正是这种对自我卓越的肯定，正是这种对能力的肯定，正是这种对取得成功力量的追求——正是这种让成功成为你与生俱来的品质的态度，给我们整个人带来力量,极大地增强我们的综合能力,让所有怀疑、恐惧都无法发挥其破坏作用。

自信会将所有的优点都集合起来,将优势紧紧聚在一起,凝成一股坚不可摧的绳索。自信带来不可动摇的信念,让别人对我们充满信心。要是拥有了自信这种能力,有什么是我们所不能成就的呢?凭借着这种神奇的力量,我们在发明创造、艺术领域或是探索发现方面必将无往而不胜!人类璀璨辉煌的文明难道不正要归功于发明家、探索家对自身无与伦比的自信吗?在人类历史上,自信让我们取得了难以计数的胜利,而这些胜利都是那些心灵脆弱之人认为不可能取得的。

事实上,要是你深信自己能够去完成那些看似不可能完成的任务,这说明了你已经在内心窥见了自己有足够的能力去将事情做好。

很多取得巨大成就的人在行动前已经看到了自己内在的潜能与才华,正是凭借着挖掘这种无限的潜能让他们坚持了自身的信念。他们一直往前冲——通常在只看到一丝光明的情况下——依然怀着坚定的信念,相信所有事情都会变好的。

那些在这个世界上有所成就的人通常都是追随本心的人。在他们看不见一丝光明的时候,在他们的信念穿越自我怀疑与困苦的荒野进入希望之地时,他们的信念依然强大。信念经常告诉我们,我们能够安全无恙地穿越黑暗,虽然暂时还没有看到前方的光明。信念为我们敞开了通往无限可能性的大门,让我们能自在地发挥自身的力量。这就是人类的智慧。

忧虑与不安会弱化心灵的力量，严重影响我们的创造力与生产力，让我们无法最大程度地发挥自身的能量。对失败的恐惧或是对个人能力缺乏信念，这是失败最大的潜在因素之一。很多才华横溢的人只能过着平庸的生活，一些人则成为完全的失败者，因为他们为自己所能取得的成就设下了限定，认为自己无法跨越。他们在自己的前路上设置了障碍，一味贬低自己的天赋，看低自身的能力。

思想就是力量。时刻坚信自己能够取得成功，这将改变我们所处的不良环境。如果你下定决心一定要取得成功，你很快就能创造一种成功的磁场。

“如果事情能够有所转机就好了！”你会这样恳求。事情要怎样才能有所转机呢？单纯的愿望或是立即行动？——一味地梦想还是立即工作？在你呆呆地坐在那里，心中希望事情有所转机的时候，事情就能如你所想象的那样改变吗？要是你想建造一座房子，但你只是坐在那里，梦想着房子很快就能建好，那你要等多久呢？

韦伯斯特的父亲在儿子丹尼尔拒绝了一份在新罕布希尔州民事法院担任书记员——这份工作的年薪高达15 000美元后，觉得非常惋惜。因为他非常努力地赚钱，让儿子读完了大学，他问道：“丹尼尔，你真的不想到那里做吗？”“是的，父亲，我真的不想在那里做。我觉得自己能做得更好。我要成为一名演员，而不是成为其他人行为的记录者。”无比的自信正是这位巨人辉煌人生的最好诠释。

每个小孩都要接受期望成功的教育，相信天生我材必有用，正如橡子相信自己注定能成为橡树一样。要是父母或是老师告诉孩子说他们很愚蠢，这是非常残忍的。父母与老师应该鼓励孩子，深信孩子与生俱来的天赋，相信他们未来能有所作为。孩子从小就该接受期望美好事情的教育，应该深信自身的天赋足以让他在这个世界上有所成就。我们应该从一开始就给孩子灌输这样的教育理念，让他们成为生活的强者。

如果你想成为一个高尚的人，就不能怀抱卑贱的思想——那种认为自己不及别人的想法，认为自己没有别人拥有更出色能力的想法，认为自己做不了这个，做不了那个的想法，都是极度不可取的。“做不了”的想法只能给我们带来消极的影响，不断将我们拉低，从来不会给予我们任何积极的影响。如果你想要在这个世界上有所成就，你就一定要抬起头颅，时刻对自己说：“我不是乞丐。我不是傀儡。我不是失败者。我是王子，我是国王。成功是我与生俱来的权利，任何人都不能剥夺我的这种权利。”

适当的自尊绝不是一种庸俗的品质，相反，这是一种非常高贵的品质。正确地评价自己，就能窥探无限的计划在我们的心灵运行，这是一幅完美的影像，这是一种圆满的感觉——一种力量与自信的感觉——这些都将进入我们的生活并改变我们的人生。当我们适当地评价自己，我们就与无限的力量同步，我们将再也不会在黑暗、疑惑或是软弱中打滚，我们将变得不可战胜！